"珍藏中国"系列图书

贾文毓 孙轶◎主编

曲径通幽
中国的园林

刘雪婷 编著

U0353191

希望出版社

图书在版编目（CIP）数据

中国的园林：曲径通幽/贾文毓主编. -- 太原：希望出版社，2013

（珍藏中国系列）（2019.9重印）

ISBN 978-7-5379-6327-5

Ⅰ.①中⋯ Ⅱ.①贾⋯ Ⅲ.①园林－中国－青年读物

②园林－中国－少年读物 Ⅳ.①TU986-49

中国版本图书馆CIP数据核字（2013）第002955号

图片代理：👁 www.fotoe.com

中国的园林——曲径通幽

著　　者	刘雪婷
责任编辑	张　平
复　　审	杨照河
终　　审	刘志屏
图片编辑	封小莉
封面设计	高　煜
技术编辑	张俊玲
印制总监	刘一新
出版发行	山西出版传媒集团·希望出版社
地　　址	山西省太原市建设南路21号
经　　销	新华书店
制　　作	广州公元传播有限公司
印　　刷	保定市铭泰达印刷有限公司
规　　格	720mm×1000mm　1/16　17印张
字　　数	340千字
印　　数	11001—21000册
版　　次	2015年2月第1版
印　　次	2019年9月第4次印刷
书　　号	ISBN 978-7-5379-6327-5
定　　价	48.00元

目录

一、园林寻踪

二、中国园林

三、中国著名皇家园林

五、中国著名寺观园林

六、人与园林

七、中外园林风格比较

一

园林寻踪

什么是园林

　　在祖国大地上，有很多美丽的地方。它们有的清新婉约，"一叶叶，一声声，空阶滴到明"；有的气势磅礴，"怒发冲冠，凭栏处潇潇雨歇"；有的雍容典雅，"梨花院落溶溶月，柳絮池塘淡淡风"；有的朴素自然，"一叶一净土，一花一如来"……

　　你知道这些精彩的句子描绘的是什么吗？

▲园林一景

没错！这就是我们祖国的园林。

这些迷人的园林是宝贵的物质文化遗产，也是中华民族五千年文明的结晶！那么什么才是园林呢？

园林是指在一定的地域运用工程技术和艺术手段，通过改造地形（或进一步筑山、叠石、理水）、种植树木花草、营造建筑和布置园路等途径创作

▲现代园林雕塑

而成的美丽的自然环境和游憩境域。

园林有不同的划分标准。既可以包括庭园、宅园、小游园、花园、公园、植物园、动物园等，还包括森林公园、广场、街道、风景名胜区、自然保护区或国家公园的游览区以及休养胜地等。

当然，"园林"这个名字并不是一直就有的。在我国漫长的历史上，这些地方因内容和形式的不同用过不同的名字。例如，在遥远的周朝时期，这些用来畜养禽兽供狩猎和游赏的地方，也就是我们现在称作动物园的地方，被称为囿和猎苑。而到了秦汉时期，那些供皇帝们游玩歇息的地方称为苑或宫苑；不属于皇帝，让官员和私人游玩的地方，被称为园、园池、宅园、别业等。

听完这么多的名字，你一定很纳闷，我们现在叫的"园林"这个名字，是从什么时候出现的呢？

其实，这个名字第一次见于西晋的诗文中。西晋有个诗人叫张翰，他写了一首诗叫做《杂诗》，里面就有"暮春和气应，白日照园林"的句子。后来有个北魏人，叫做杨玄之，他写了一本旅行记事的书叫做《洛阳伽蓝记》。在这本书里，他说一个王爷游玩歇息的地方："园林山池之美，诸王莫及。"从唐宋以后，"园林"这个词的应用就更加广泛了，常常用来泛指各种供人们游玩休息的地方。

园林建设并不是从古代到今天都是一样的。它们和人们的审美观念有关系，还和社会的科学技术水平有关系。在园林的建造中，凝聚了人们对自己想要的一种生存空间的一种向往。园林发展到今天，已经不仅仅局限在名山大川、深宅大府这样一些地方了。

现在人们建造的园林，使用的材料非常多。比方说在公园里看到的各式各样的灯光、喷水池，都是古人建造园林时没有用到的技术。

园林的小历史

　　我国建造园林是从什么时候开始的呢？

　　从历史的资料上来看，我国建造园林应该是从商周时期就开始了。那个时候，这些园林的名字是"囿"。

　　大家肯定听过商纣王，他是一个昏庸的皇帝，平时喜欢喝酒玩乐，并且喜欢收集奇怪的动物和稀少的珍宝。"囿"就是他用来游玩的地方，也是他用来存放这些珍宝和动物的地方。

　　可能大家以为，"囿"是不是只有昏君才建造啊？

　　不是的。周朝的时候有个好皇帝叫周文王。周文王也建造了"囿"。不过他建造的"囿"并不是放什么宝贝的地方，而是把自然景色优美的地方圈起来，然后放养一些禽兽，用来打猎。

　　当然也不光是皇帝能够建造囿。当时的天子、诸侯，他们都有囿。但是天子和诸侯囿的大小是不一样的。古书上说，"天子百里，诸侯四十"。看来，皇帝的囿比诸侯的囿大一倍还要多。

　　但是"囿"这个名字并没有使用太久。从汉代开始，园林就改了名字，开始被叫做"苑"了。

　　汉代的时候，园林的功能又发生了改变。汉代以前，园林就是打猎游玩的。不过到了汉代，它们不仅仅供皇帝游玩打猎，还在里面举行典礼、处理朝政之类等。

　　那个时候的园林非常多，并且有名的也有很多。比方说汉高祖刘邦的"未央宫"、汉文帝的"思贤园"、汉武帝的"上林苑"、梁孝王的"东苑"、汉宣帝的"乐游园"等，都是这一时期非常著名的园林。

　　可是，这些园林建造了两千多年了，到现在都没有了，我们是怎么知道它们的呢？

　　原来，在后来的一些画作中，还有一些当时写的书中，我们可以看到这些园林的本来面貌。比方说，敦煌莫高窟壁画中就有那个时候园林的壁画。到了元朝，有个画家叫做李容瑾，他画了一幅画专门描绘汉代的苑。

　　当然汉代的园林不仅仅是漂亮。我们更惊叹的是它的宏伟。那个时候有些作家，他们写了很多文章来说这些园林的宏伟，比方说枚乘的《菟园赋》、司马相如的《上林赋》、班固的《西都赋》、司马迁的《史记》等等，都精确地描绘了当时园林的宏伟。

魏晋南北朝的时候，我们祖国社会经济非常繁荣，但是，更为繁荣的是文化。当时一些文人非常喜欢大自然。他们只要一有时间就会拉上朋友，去各个地方的名山大川去旅行。这种对自然环境的热爱已经成了当时的风气。正是因为如此，当时就建造了很多漂亮的园林。

接着，在唐太宗的统治和管理下，社会进入了盛唐时代，园林的设计也更加精致了。

那么，当时园林的精致是怎么看出的呢？

当时发展最快的就是园林中的石雕工艺了。当时对石头的雕刻技术已经非常娴熟。宫殿建筑的围栏、阶梯等，都被雕刻上了不同的花纹，显得非常华丽。正是因为这些技术的发展，所以让当时的很多园林，如"禁殿苑"、"东都苑"、"神都苑"、"翠微宫"等，都非常美丽。

当时有个最有名的园林，叫做"华清宫"。它是唐太宗建造的，后来唐玄宗又进

▲上林苑驯兽图(局部)，西汉晚期砖质彩绘壁画

行了扩建。华清宫里面各种布置都很奢华，唐朝的皇帝们在里面过着腐朽的生活。当时有句诗描绘的就是华清宫里的生活："缓歌曼舞凝丝竹，尽日君王看不足。"而唐朝的大诗人杜甫也曾有一首诗《自京赴奉先县咏情五百字》，里面描述和痛斥了皇帝们在那些华丽的宫殿园林里的腐朽生活。

宋朝和元朝，园林的建造也非常兴盛。在当时有个特别有意思的现象，就是在建造园林的时候，喜欢用非常漂亮、非常奇怪的石头。当时有个皇帝叫做宋徽宗，皇帝当的很差劲，但是画画、写字都很好。他很喜欢欣赏奇怪的石头。可是这些石头都很难找，尤其是奇怪的、漂亮的石头。宋徽宗就把皇帝的权力用在了这些地方。他在苏州、杭州这两个地方设立了几个机构，这些机构不干别的事情，专门派人搜集民间奇石，然后用船把它们运到首都建造园林。现在在河南的开封，有一个寺庙叫做相国寺，它里面有几块奇石，的确非常漂亮。而苏州、扬州、北京等地也都有当时宋朝流传下来的奇石，都很好看。

除了石头欣赏水平的提高，在宋朝，有大批有名的文人、画家都开始参与到园林的建设里面来。因为他们都会画画，懂得欣赏美，所以在他们的参与下，这些园林就更加美丽了！

说到这里，你们可能会问，到底哪个朝代的园林才最好看呢？哪个朝代建造的园林最多呢？

答案很快就揭晓了。

原来，上面所说的朝代，园林都在发展，但是都没有发展到最好。一直到了明、清这两个朝代，我们祖国大地上才有了最多最美的园林。

当时建造园林的既有皇帝，也有私人。皇帝建造的园林叫做皇家园林。皇家园林的创建以清代康熙、乾隆时期最为活跃。大家肯定听说过和珅、刘罗锅，他们就是这个时候的人。他们生活的年代里，社会稳定、经济繁荣，所以有的是钱和时间，来慢慢建造园林。现在我们还能看到的一些美丽的公园，比方说"圆明园"、"避暑山庄"、"畅春园"等等，就是那个时候建造的。

另外一些有钱人建造的园林称作私家园林。私家园林最漂亮的都在江南，比方说"沧浪亭"、"休园"、"拙政园"、"寄畅园"等等。

大家可能会纳闷，说了这么多园林，那这些园林建造的时候有没有什么"指导手册"之类的东西？这样他们建造起来不就很方便了吗？

其实，这类"指导手册"，我们叫它们园林艺术创作的理论书籍。在明朝有本书叫《园冶》，就是讲的这些东西。在这本书里，作者强调 "小中见大"、"须弥芥子"、"壶中天地"等创造手法。

什么意思呢？

也就是在非常小的一块地方建造园林，但是要让这个园林的构造很复杂，进去玩的时候让游人感到里面很大才行。

在这个时候，园林中石头之类的东西，慢慢地不再重要了。重要的是什么呢？园林里面的房子、楼台、亭阁，都成了建造园林时最被看重的东西。在这个时候，园林从纯粹的游玩，发展到既能游玩，也能住人。园林的主人就住在园子里。

而其中的大型园林，不但模仿自然山水，而且还集各地名胜于一园，形成园中有园、大园套小园的风格。就像现在的"世界公园"一样，用小地方的模仿，来让你看到世界各地的风景名胜。

但是到了清朝末年的时候，关于如何建造园林的知识就没有再往前发展。大家都知道，"落后就要被挨打"，所以西方列强侵略我国，让我国的经济崩溃。这样一来，人们就没有钱再去进行园林创作了。所以，从那个时候起，就几乎没有出现过新的好看的园林。

虽然中国园林以后没有再建造出好的来，可是它的成就却在明、清时期到了最高。中国园林慢慢地被西方国家开始崇拜和模仿。在那个时候，西方国家掀起了一股"中国园林热"。外国的朋友都非常喜欢中国的园林。正是因为这样，所以中国园林艺术从东方到西方，成了被全世界公认的园林之母！

可是，园林发展到今天，又有什么新内容呢？

现代人大部分生活在城市里，整天呼吸不到新鲜空气，并且时刻都有被污染的危险。我们去公园玩，不仅是为了游玩休息，还想呼吸新鲜空气。为什么公园里的空气会新鲜呢？

因为公园里到处都是绿色植物，它们不仅可以吸收二氧化碳，放出氧气，净化空气，还能够吸收有害气体，减少空气里漂浮的尘土，减轻空气的污染。另外，植物还可以调节空气的温度、湿度，改善小气候，并且能减弱噪声，还可以防风、防火。

除了游玩休息，呼吸新鲜空气之外，我们去公园还能得到什么呢？

其实，在公园里待一会儿，你会发现自己的心理和精神都会得到放松。在景色优美和安静的园林休息，能够消除长时间工作带来的紧张和疲乏，并且让脑力、体力得到恢复。

既然园林的用途那么大，那么我们今后一定要多去才行！

明白了园林的基本历史，大家可能会问，建造园林的方式有哪些？

这个问题的答案其实很简单。一种方式就是用原来的自然风光。在大自然中，

▲人工园林别墅

利用原来的山水、花草、树木、石头等，稍微进行修饰，然后就是一个非常漂亮的园林了。大家肯定知道唐朝的大诗人王维。王维写过很多山水诗，那些优美的山水诗写的就是他居住的园林。他的园林就是因为这样修建的，所以保留了很多原始的自然。居住在里面，他就能直接和大自然接触了。多么美好理想的事情啊！

这种方式修建的园林，有着不少好玩的名字。比方说，有的叫做"山林别墅"，它们都建在山水之间，比较小。而像湖南大庸县的张家界、四川松潘县的九寨沟，这些地方比较大，它们被称为自然风景区。而泰山、黄山、武夷山等，它们又不一样了。这些地方不仅风景美丽，有着好看的自然风光，而且开发历史悠久。比方说泰山，就有很多有文物古迹、神话传说、宗教艺术。像这些地方，我们叫做风景名胜区。

另一类修建园林的方式，叫做人工园林。看着名字我们就知道，肯定是人为修建的。它们都是在一定的地域范围内，为了改善生态、美化环境、满足游憩和文化生活需要而创造的环境，如小游园、花园、公园等。在这些地方，往往都没有可以利用的自然风景，所以肯定比上面那种修建方式更加困难了。

修建这些园林，有没有一个比较专业的名字呢？

有。我们的专家叫做造园。造园可不是一件简单的事情，它涉及的东西可多啦。在通常情况下，园林的建造是不是成功，不仅和自然环境有关，更多是看造园的设计者能不能有好的想法，能不能匠心独运，把地域和环境的特点巧妙地运用，并且融入自身的审美观念。好的园林肯定是和别的园林有不一样的地方，正是这些不一样的地方，才让它们更加美丽，更加有名。

当然，随着社会的发展，我们一定要认识到，不计一切代价的建造园林肯定不行。因为造园而污染或者破坏了自然生态环境，更不能被允许。

我们一定要认识到我国源远流长的园林历史，并且从中学习到园林的知识，爱上园林，为我们祖国能有这么悠久的园林历史和这么多美丽的园林而感到自豪！

二

中国园林

谈到园林，首先要说说我们祖国的园林。

中国园林有很长的历史。这些园林中有非常经典的建筑，它们是我国古代建筑艺术的珍宝。

那么，是什么原因让园林艺术能够始终向前发展呢？

这要从园林形成的原因开始说起。园林艺术的形成，受到了统治阶级的思想及佛道、绘画、诗词的艺术影响。比如，在魏、晋、南北朝时期，政治斗争很激烈，人们都时刻担心哪一天自己被砍头。这个时候，道、佛这些思想盛行。于是，这时的文人，有的整天享乐，有的洁身自好，更多的是遨游山水。他们独特的思想，让他们有了独特的审美观点。于是在这个时候，建造的园林也多是亲近自然的田园山水。

我们都喜欢在大自然里自由的呼吸，畅想，可以无拘无束的游玩。大自然是神奇的，它用鬼斧神工创造了很多美丽的景观，正是因为这样，所以自然园林的美丽，比人工园林要好很多。

知识链接 ⋁

三类园林是我国审美境界最高的园林。它们分别是寺庙园林、皇家园林和私家园林。这三类园林在世界园林发展史上独树一帜，是全人类宝贵的历史文化遗产。

中国园林是由什么组成的

　　中国园林是由勤劳的中国人民创造出来的，他们用自己独特的思维方式和审美视野，创造出了别的国家的人民难以想象的艺术。这些园林艺术，有着特殊的背景。它们是在社会、经济环境下形成的特定的文化。

　　我们为中国有这么多美丽的园林而自豪。可是谁又知道是哪些东西构成了这么丰富的中国园林呢？

　　山景、水景、建筑和花木构成了中国的园林艺术。

知识链接 ⓥ

山景、水景、建筑和花木构成了中国的园林艺术。

▲ 园林山景

◆山景——园林风景形成的骨架

我们都知道，园林中最美丽的那部分往往都是和自然有关的景色。为了能够更好地表现自然，园林建造者往往喜欢用山景。可以说，山景是造园最主要的因素之一。

早在秦汉时候，有个很有名的园林，叫做上林苑。上林苑为了营造神仙居住的神山，就用土堆成了岛来象征东海神山。这在中国园林史上开创了人为造山的先例。

到了东汉，有个人叫做梁冀，他在上林苑那种神山堆积的基础上，往前走了一步，建造了更大的山来象征仙境。在园林的历史中，从此这种对神仙世界的向往，就转向了对自然山水的模仿。而这一点，标志着造园艺术以现实生活作为创作起点了。

▼山水田园

而到了魏晋南北朝，这些文人雅士在建造园林的时候，很多人都采用了概括、提炼的手法。就像做模型一样，把园林里的山的真实尺度大大缩小，做成自然中真实山水的模型。为了更好地体现出自然山峦的形态和神韵，这些模型都被塑造成奇怪的山石，比自然主义模仿大大前进一步。

唐宋以后，由于山水诗、山水画的发展，山景就变得更加讲究了。最典型的例子就是那个爱石成癖的宋徽宗。他主持建造了一个著名的假山，名字很奇怪，叫做良岳。别看它名字奇怪，它可是我国历史上规模最大、结构最奇巧、以石为主的假山呢！

随着时代的发展，到了明代，这种造山艺术就变得更为成熟和普及啦。

举个简单的例子来说吧。明朝人有个叫计成的，他写了一本书叫《园冶》。在"掇山"一节中，光是山的形式，他就列举了园山、厅山、楼山、

阁山、书房山、池山、内室山、峭壁山、山石池、金鱼缸、峰、峦、岩、洞、涧、曲水、瀑布等17种。这反映出了那个时候，艺术家对于园林的建造是多么的有创意。

清代的园林里，漂亮的山景处处都是！清代造园家非常聪明，他们创造了穹形洞壑的叠砌法，就是用大小石钩带砌成拱形，顶壁一气，酷似天然峭壑。这种方法比明代堆造假山的方法合理得多、高明得多了。

◆水景——园林景观的脉络

为了更好地表现自然，水景也是园林景观中不可缺少的一部分。在中国的文化里，水是最富有生气的因素，无水不活。所以说，在园林中一定会有很多水的因素的。

因为园林都比较小，所以自然园林以表现静态的水景为主。在一片静静的水面上，平静如镜。这种寂静深远的境界，在中国历史上，一直是很多人追寻的梦境。想象一下，我们在一个精致的园子里，观赏山水景物在水中的倒影；或者观赏水中怡然自得的游鱼；或者观赏水中的莲花水草；观赏水中

▲园林水景

▲园林建筑

皎洁的明月……多么美啊！

当然了，自然式园林有的时候也会表现水的动态美。动态的水，能够想象到什么呢？

没错，瀑布！

但是在园林中，不是喷泉或者规则式的台阶瀑布，而是自然式的瀑布。什么叫自然式的瀑布呢？就是让瀑布尽量随着地势高低，随处流淌。这种美丽，是人工美化的自然美。

当然了，我们一直在说节约用水。园林的建造也要节约用水，这样才能和自然和谐相处。

怎么把水景完美地放在园林当中呢？

首先应该明白一个词语：理水。理水，顾名思义，就是整理水，把水景整理好放进园林中。古代园林理水之法，一般有三种：

第一种是"掩"。这个"掩"的意思就是"掩盖"。在水池旁边盖上房子，或者栽植上树木，把曲折的池岸掩盖起来。那么，临水建筑应该怎么建造呢？

为突出建筑的地位，除了主要厅堂前的平台，不论亭、廊、阁、榭，都要把前面的部分架空，让它在水面之上，然后看着水犹似自其下流出。这样一来，就可以把水面看得更完整了。

那么，种植植物呢？一般来说，在水边栽的植物都是蒲苇之类的灌木。这些灌木在水边，很容易造成迷离的感觉，于是可以形成池水无边的画面。试想一下，一个小小的池子，因为在水边种植了一些芦苇，显得格外迷蒙，是多么美丽的一个画面啊！

第二种是"隔"。这个"隔"是"隔断"的意思。

在小小的水池上，建造个小堤，或者架一个曲折的石板小桥，或者放几个可以踩上去的石头，是非常美丽的。计成在《园冶》这本书中说："疏水若为无尽，断处通桥。"意思就是在水面上架一个桥，会让水面显得悠长空旷。这样一来，就能让水面有幽深之感了。

第三是"破"。"破"的意思就是让这个池子显得不完整。你可能会问，怎么还要"破"呢？本来很好的一片水不是很好吗？

▲园林中的古树

可是我们可以一起试着想一下，如果有一个小小的水池，里面什么都没有，那是什么样子？多么单调啊！可是如果能把里面放入鱼、水草、石头等等好玩的东西，让这个小池子看着不完整了，那才会充满了乐趣！

◆建筑——把人工景观和自然景物连起来

在中国园林的历史上，一般的建筑都是古典式建筑。古典建筑有翘起来的檐角，有滚圆的柱子，有雄伟的台基。看到古典的建筑，一般给人的第一印象往往就是庄严雄伟、舒展大方。但是你可能不知道，它可不只是因为形体美被人欣赏，更重要的是，它还和山水林木配合得恰到好处！

建筑物一般都是要让人进去的。进去干什么？看景啊。所以，园林建筑物自身是景观，同时它又可以被用来观景。因此，在造这些建筑的时候，不仅仅需要考虑到它的外观，还要考虑到它的功能才行。于是，这些楼台亭阁之类的建筑物，经过建筑师巧妙的构思，运用设计手法和技术处理，把功能、结构、艺术融为一体，成为古朴典雅的建筑艺术品。它的魅力，不仅来自外形、色彩、质感等因素，在这些建筑物中，加上室内布置陈设的古色古香，以及外部环境的和谐统一，更加强了建筑美的艺术效果。

美的建筑，美的陈设，美的环境。这不是人间仙境又是什么！明朝一个作家文震亨说过："要须门庭雅洁，室庐清靓，亭台具旷士之怀，斋阁有幽人之致，又当种佳木怪箨，陈金石图书，令居之者忘老，寓之者忘归，游之者忘倦。"

园林建筑可不能像皇帝居住的宫殿那样庄严肃穆。它们都要采用分散的小布局才行。一共没有多大的地方，怎么能把房子建造的这么大呢？特别是私家庭园里的建筑，更是形式活泼了。它们装饰性强，随着地势建造，和周围的环境非常和谐统一。

可是，具体应该怎么做呢？

在私家园林中，建筑的形式一般都比较灵活，富有变化。建筑师们在建造这些私家园林的时候，通过对比、呼应、映衬、虚实等一系列艺术手法，让这些园林建筑充满节奏和韵律。有一句话说得特别好："居中可观景，观之能入画。"就是说在建筑物上面，你可以看景，出来之后你又可以把建筑物当景物看。

那你要问了，是不是形式灵活就可以随便盖了呀？

当然不是！

这里面还是有很多规则的。比方说主厅，它是园林的主人见朋友、吃饭的地方，当然是全园的活动中心了。所以说这个主厅是全园的主要建筑，一定得建在地位突出、景色秀丽的地方，这样可以让里面的主宾看到风景，心情愉快。在这个主厅前一般会有个水池，同时在水池的另一面放上假山。厅的左右是长长的走廊，走廊旁边是大小的院子。这样一来，整个园林就成了一个完整的艺术空间。

例如苏州的拙政园，就是这样一个格局。它以"远香堂"为主体建筑，围绕它布置了一个明媚、幽雅的江南水乡景色。

除去这样一个主体建筑，旁边会有一个或几个副体建筑。主要的建筑和次要的建筑中间用走廊来连接。这样就形成了一个建筑组合体了。

常见的建筑物有殿、阁、楼、厅、堂、馆、轩、斋，它们都可以作为主体建筑布置。每个词语都代表了一种建筑形式。

◆花木——园林景观中蕴含生命力的宝库

公园里的花到了春天特别美。我们经常去的公园里，哪一个不是树木丛生呢？在园林中，植物是怎么也不能少了的。同时，植物的选择需要有几个标准才行哦。

第一讲姿美，也就是树冠的形态、树枝的疏密曲直、树皮的质感、树叶的形状，都要追求自然优美。第二讲色美，树叶、树干、花都要求有各种自然的色彩美，如红色的枫叶，青翠的竹叶、白皮松，斑驳的粮榆，白色广玉兰，紫色的紫薇等。第三讲味香，要求自然淡雅和清幽。用一句话去概括这三个标准，那就是"四季常有绿，月月有花香"！

当然，你会发现，很多好的园林里都有竹子、牡丹等植物，这又是为什么呢？为什么大家都喜欢种植这些东西呢？原来，这和它们的品格有关系。在中国的文化里，竹子象征人品清逸和气节高尚，松柏象征坚强和长寿，莲花象征洁净无暇，兰花象征幽居隐士，玉兰、牡丹、桂花象征荣华富贵，石榴象征多子多孙，紫薇象征高官厚禄等。

明白了这些，我们就不会因为经常遇到竹子、松柏而感到惊讶了。

当然了，和建筑一样，树木有的时候也要古色古香才好呢。

古树名木对创造园林气氛非常重要。古木繁花，可形成古朴幽深的意境。所以如果建筑物与古树名木矛盾时，宁可挪动建筑也要保住大树。构建房屋容易，百年成树艰难啊！

除了花木外，在园林里的草地也十分重要。平坦或起伏或曲折的草皮，是令人陶醉的。

中国园林的类型

自然园林

这是中国园林的第一种类型，也是最常见的一种类型。自然园林以模仿再现自然为主，布局不对称，也不规则，比较自然和自由，形式上隐蔽含蓄。如果要给自然园林再分一下类的话，又可分为风景式、不规则式和山水派园林三类。

自然园林的组成部分是什么呢？

它主要由六个方面组成。下面就让我们详细对这六个方面进行一下了解吧。

第一个方面是地形地貌。平原地带一般没有山地。没有山怎么办？难道就不要山石了吗？不是的。我们会把这平缓的地形和人造的起伏结合起来，更好地美化我们的园林。而到了真正的山地和丘陵地上我们就直接的利用自然地形地貌，把原来的山地、丘陵之类加以人工整理，让它们更加富有趣味。

第二个方面是水体，也就是河流。河流的轮廓是什么样子呢？小溪啊、大江啊，它们都是弯弯曲曲的。而它们的岸都不是平坦的，而是有着各种的倾斜坡度的。园林水景的类型当然不仅仅包括河流了，还包括了溪涧、自然式瀑布、池沼、湖泊等。这么多的水景类型，哪一种才是最常用的呢？在自然式的园林里，我们常以瀑布为水景主题。

第三是建筑。建筑的布局，也就是我们在哪里建造房子，是自然园林里很重要的一点。如果建造不好的话，就会破坏这个美丽的地方了。那么我们应该怎么去建呢？这就是建筑布局的问题了。建筑布局一般是对称的，也就

知识链接 ⌄

自然园林的典型代表是中国的自然山水园林。中国园林从商周开始，经历几代的发展，不论是皇家宫苑，还是私家宅院，都是以自然山水园林为最主要的形式。像我们现在还可以去游玩的皇家园林，比方说颐和园、承德避暑山庄，以及私家园林，比方说拙政园、网师园等，这些都是自然山水园林的代表作品。

是两边一样；或者是不对称的，也就是两边不一样。这就要根据每个园林的具体情况来看了。

　　第四是种植设计。种植什么呢？回想一下我们去过的公园，里面有树，有花。这就是我们主要种植的东西了。如果种花的话，要以花丛、花群为主。种树就既要有孤立的树，也要有树丛、树林等等。

　　第五是道路广场。我们修建广场，不能去破坏其他的东西，比方说砍树、除草，都不要去做。那怎么办呢？应该用园林里的空旷地做基础，然后修建广场。然后再在广场的周围种上草、树之类的。修路当然最好不要修直直的一条路了，最好是弯曲的。

▲ 自然园林

第六是园林中的其他景物。除去建筑、自然山水、植物群落等这些不可缺少的东西之外，我们还要有山石、假石、桩景、盆景、雕刻等。比如我们经常在花园里看到的雕塑，就是这些东西中的一类了。

自然园林在中国的历史悠长，绝大多数古典园林都是自然园林。自然园林为什么这么受人喜爱呢？原因就在于它能够让游人就像在大自然之中一样，在这么小一个地方就可以游遍名山名水了。最有名的例子就是承德避暑山庄了。它集中国大江南北园林于一园之中，去一次就可以看遍全国的园林精华了。

总体来说，自然园林空间变化多样，地形起伏变化复杂，非常引人入胜。喜欢大自然的朋友一定不要错过自然园林啊！

寺庙园林

一些著名的大型寺庙园林，往往会有成百上千年的持续开发，里面积淀了宗教史迹与名人历史故事。当然，还有很多历代文人雅士刻在石头上的名句，或者是贴在建筑物上的楹联诗文。这些好玩的东西，让寺庙园林非常受欢迎。

寺庙园林在中国园林家族中占据了很重要的位置。不说别的，就光说数量，它就比皇家园林和私家园林的总和还多了几百倍。那说到特色，就更有特点了。它具有一系列皇家园林和私家园林难以具备的特长。更有趣的就是它所在的地方。因为出家人一般都喜欢远离尘世，所以寺庙园林就常常坐落在在自然环境优越的名山胜地。

> **知识链接** ⊘
>
> 寺庙园林是指佛寺、道观、历史名人纪念性祠庙里的园林。它是中国园林的四种基本类型（自然园林、寺庙园林、皇家园林、私家园林）中的一个。寺庙园林有大有小，小的只有几间房子那么大。大的指整个宗教圣地，也包括了寺庙周围的自然环境，是寺庙建筑、宗教景物、人工山水和天然山水的综合体。

宋代赵抃有一句诗写得特别好："可惜湖山天下好，十分风景属僧家。"又有俗谚所说："天下名胜寺占多。"

所以说，寺庙园林具有很多优势。这些优势让它受到了非常多游客的欢迎和喜欢。

中国的文化源远流长，但是类别却很有限，主要就是儒家、道家和佛家这三类。寺庙园林却对这三类文化都有吸收。比方说，建筑和儒家文化相联系，园林恰好与道教文化相联系，而选址、风格之类的，就是完全的佛家文化了。

这么神奇的寺庙园林，它是怎么样一步步发展的呢？

这里面有五个原因。

第一，作为"神"的世间宫苑，寺庙园林形象地描绘了道教的"仙境"

▲寺庙园林

和佛教的"极乐世界"。第二，道士、僧人都喜欢自然。寺庙选址都在名山胜地。这样一来，悉心营造园林景观，既是宗教生活的需要，也是中国特有的宗教哲学思想的产物。第三，两晋、南北朝的贵族喜欢把自己的宅院奉献给僧人做寺庙，这样，很多宅院就成了寺庙园林了。第四，寺庙里当然不是简单的只住和尚，里面还有很多精美的艺术品。人们往往喜欢去寺庙里看壁画、雕塑之类的艺术品，来陶冶情操。第五，皇帝贵族喜欢佛教，所以他们就拿了很多钱来支持佛教的发展，这样寺庙园林就有了经济来源。

寺庙园林是怎么出现的呢？

反过头来我们在去探索一下寺庙园林出现的原因。其实，寺庙园林在4世纪，就是说1600年前就已经出现了。东晋的时候有一个和尚叫慧远，他在庐山造了东林寺。历史书里对东林寺是这样描述的："却负香炉之峰，傍带瀑布之壑；仍石垒基，即松栽沟，清泉环阶，白云满室。复于寺内别置禅林，森树烟凝，石径苔生。"可见，东林寺的景观是非常漂亮的。

后来，从两晋、南北朝到唐、宋，随着佛教、道教的几度繁盛，寺庙园林的发展在数量和规模上都十分可观，名山大岳几乎都有这种园林了。

如果我们把寺庙园林和皇家园林、私家园林进行一下比较的话，就会发现它有很多特有的东西。

第一，寺庙园林既不专属于皇帝，也不专属于私人。它面向广大的游人和去拜佛的人。佛教宣扬的是"普度众生"。所以，不管你贵贱贫富、男女老少，都非常欢迎，绝不嫌弃。所以说，它具有公共游览性质。

第二，在园林寿命上，寺庙园林常常能够保存很久。但是像皇家园林，可能因改朝换代就被废毁了。而私家园林呢？也难免受家业衰落而败损。一些著名寺观的大型园林往往能够保存几百年，一直到今天还被用作旅游开发。

第三，在选址上寺庙园林也有它自己的特点。皇宫一般在京都城郊。这样皇帝住着才方便。而私家园林又在住宅近旁。寺庙就不一样了。它常常有条件挑选自然环境优越的名山胜地。在深山老林里，在青山绿水旁，常会有"深山藏古寺"这样一幅有意境的画面出现。正是因为常常建在山水之中，寺庙的建设者常常会根据山岩、洞穴、溪涧、深潭、清泉、奇石、丛林、古树等自然景貌要素，通过亭、廊、桥、坊、堂、阁、佛塔、经幢、山门、院墙、摩崖造像、碑石题刻等的点缀，来创造出富有天然情趣、带有或浓或淡宗教意味的园林景观。

选址的另一个方面就是大小的问题了。

寺庙园林其实可大可小。我们如果经常去山里玩的话，就会发现美丽的山景中常常有个小庙。在这种情况下，寺庙就很好地发挥了"远者尘世，念经静修"的宗教功能了。当然寺庙园林也有很大的。大的能有多大呢？或许说了你会大吃一惊，原来像泰山、武当山、普陀山、五台山、九华山等宗教圣地，都算是一处巨大的寺庙园林呢！整座山都可以算作是寺庙园林，好大！

第四，因为寺庙处于山水之间，所以建造寺庙的时候一定要注意和周围的环境相一致。好的寺庙园林，它的人工建筑和自然环境都是融为一体的。聪明的建筑师只要运用一点技巧，就能把周围的环境纳入到寺庙园林中来。

可是，我们去寺庙园林游玩的时候，可能常常被众多的建筑物和曲曲折折的小路搞迷糊。这些房屋和土地到底是做什么用的呢？

其实，这里面也并不复杂。

寺庙总体包括宗教活动部分、生活部分、前导香道部分和园林游览部分。

宗教活动部分就是用来供奉偶像、举行宗教仪礼的地方，这里一般有殿堂、塔、阁。因为寺庙主要是拜佛用的，所以这个部分通常占据寺庙的显要部位。我们去寺庙园林游玩，一般喜欢看的也是这里。这部分一般比较封闭，比较适合表现宗教的神圣气氛。布局上大多与寺庙的园林部分隔离，是一个比较独立的地方。当然也不是说这里只有建筑物，看不到自然。建筑师们经常巧妙地设计院墙，让内外相通。

生活部分，顾名思义，就是和尚们的生活区了。在这里，除了有方丈、僧房、斋堂、厨房等外，还有供拜佛的人和游玩的人住宿的客房。大型寺观的生活用房有的达到千间以上。这些方丈、客房，大多隐于僻静的部位，带有小院，小院里有小池，池中放置有山石、盆景，自成一个安静的庭园小天地。僧人们生活的地方，是他们平时修身养性的地方，所以才会很安静。我们去玩的时候，一般不去那里玩的。

前导香道部分就是寺庙里的主要交通路线。长长的香道，就像是从"尘世"通向"净土"、"仙界"的阶梯。这段路常常结合丛林、溪流、山道的自然特色，精心选定路线。这条路可不是很简单的一条路而已。在这条路上走，你还可以看到山门、山亭、牌坊、小桥、放生池、摩崖造像、摩崖题刻等好玩的景色。这些景色一般非常有意思，也很受游客欢迎。

最后一个部分就是园林游览部分。这部分随寺庙所处地段呈现不同的布局。有的寺庙在城内，如苏州的寒山寺、戒幢寺、成都的武侯祠等，它们的园林部分就比较小，一般都是圈围在院墙内部。而另外一些寺庙，因为处于山林之中，如杭州的灵隐寺、乐山的凌云寺、福州鼓山的涌泉寺、灌县青城山的天师洞、峨眉山的清音阁等，它们就会着力于寺院内外天然景观的开发，把寺庙围墙内外合二为一，完美地融合在一起。

皇家园林

如果让你举一个最有名的园林，你会说哪里？大概很多人都会说是颐和园。颐和园就是皇家园林的代表。那么什么是皇家园林呢？

皇家园林在古籍里面被称作 "苑"、"囿"、"宫苑"、"园囿"、"御苑"，是中国园林的四种基本类型之一。中国历史上被皇帝统治了几千年，皇家的一切都被推到了很高的位置。为了表现所谓的皇家气派，皇家修建的园林也有着与众不同的特点，它们都可以算作是皇家园林。

如果从公元前11世纪周文王修建的"灵囿"算起，到19世纪末慈禧太后修建颐和园结束，皇家园林已经有3 000多年的历史。在这漫长的历史中，几乎每个朝代都修建了自己的皇家园林。

那么，皇家园林是不是都一样呢？

当然不是。皇家园林还可以分为两种。第一种园林建在京城里面，相当于皇帝私家的宅园，叫做"大内御苑"。另外一些建在郊外风景优美、环境幽静的地方，称为离宫御苑、行宫御苑。这两者也不一样。行宫御苑一般是供皇帝偶尔休息或者路过住宿用的，离宫御苑则是皇帝长期居住并处理朝政的地方。可以说，离宫御苑就相当于郊外的皇宫了。

既然皇家园林有这么长的历史，那么各个时期的皇家园林是什么样子呢？下面我们就走到历史的长河中，去看看在遥远的古代，皇家园林都是什么样子的。

1. 殷商时期——甲骨文中的囿

中国发现的最早的文字是什么？没错，就是甲骨文。令人惊奇的是，甲古文中竟然发现了有关皇家园林"囿"的论述。因为甲骨文是几千年前的文字，所以专家们推测，中国皇家园林始于殷商。

那么，准确的文献记载是在哪里呢？

殷商后面的一个朝代就是周朝。周朝的史书是《周礼》。《周礼》中解释说，当时皇家园林是以囿的形式出现的。什么意思呢？就是在一定的自然环境范围内，放养动物，种植林木，挖池筑台，然后让皇家在这里打猎、游乐等等。

当时最著名的皇家园林是周文王的"灵囿"。"灵囿"里面主要是树木花草，还有很多鸟兽。

▲蓬莱三仙山景区

2. 秦汉时期——阿房宫与上林苑

秦汉时期，建造的园林最多的就是皇家园林了。这个时候的皇家园林开始有了宫殿，并且范围特别大，有的大到方圆数百里。秦始皇在陕西渭南建造的阿房宫就是这样一个皇家园林。在阿房宫里，建筑布局很奇特，它们是按天象来布局的。秦始皇对于皇家园林十分热衷，他特别喜欢建造这种庞大的园林。

秦始皇还很喜欢去找长生不老药。当他听说东海三仙山——蓬莱、方丈和瀛洲那里有长生不老药的时候，就在自己的园林里的水池中筑起蓬莱山，表达了对仙境的向往。

在秦始皇之后，又出现了一位非常喜欢建造皇家园林的皇帝，就是汉武帝。汉武帝建造的最著名的皇家园林叫做上林苑。

当然，此时的皇家园林还不成熟。上林苑的规模虽然极其宏大，但却比较粗犷，殿宇台观只是简单的罗列，并不结合山水的布局。这个时候的皇家园林处在发展成型的初级阶段。

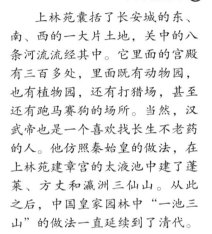

知识链接 ⓥ

上林苑囊括了长安城的东、南、西的一大片土地，关中的八条河流流经其中。它里面的宫殿有三百多处，里面既有动物园，也有植物园，还有打猎场，甚至还有跑马赛狗的场所。当然，汉武帝也是一个喜欢找长生不老药的人。他仿照秦始皇的做法，在上林苑建章宫的太液池中建了蓬莱、方丈和瀛洲三仙山。从此之后，中国皇家园林中"一池三山"的做法一直延续到了清代。

3. 魏晋南北朝到明朝时期——皇家园林的积累与完善

魏晋南北朝时期，皇家园林的发展处于转折期。这个时候经常打仗，做官的只能是消极地活着，游山玩水。正因为如此，所以皇家园林没有秦汉时那么大。但是也正是因为这个原因，所以皇家园林在缩小规模的同时，也逐渐把布局变得合理起来。例如，北齐的皇帝高纬建造了仙都苑，他在其中堆土山来象征五岳，建"贫儿村"、"买卖街"来体验民间生活等。皇家园林在这个时候开始变得有意思了。

隋唐时期，是中国封建社会统一鼎盛的黄金时代。那个时候国富民强，有强大的经济。所以到了这个时候，皇家园林的发展也进入一个全盛时期。

在这个时候的皇家园林，山水布局很巧妙，建筑也很精美，动植物种类也非常繁多。

在隋唐时期皇家园林的代表作是什么呢？现在大家一般认为洛阳的"西苑"和骊山的"华清宫"是这个时期的代表作。

到了宋代，因为国家的实力开始衰落，所以没有太多的钱财去建造皇家园林。虽然在北宋的东京、南宋的临安、金朝的中都，都有许多皇家园林，但是规模比唐代都小很多。

那么，宋代的皇家园林不好吗？

不是这样的。这个时候园林艺术的精致程度很高了。可以说，皇家园林的发展又出现了一次高潮。这个时期的代表作是北宋都城东京的艮岳。宋徽宗建造的艮岳是使用各种石头堆积起来，模仿各地名山建造的皇家园林。简直是最精美的山林模型了！

到了金代，皇帝营建了非常多的园林，像西苑、同乐园、太液池、南苑、广乐园、芳园、北苑等。今天的北海公园地段、玉泉山芙蓉殿、香山行宫、樱桃沟观花台、潭柘寺附近的金章宗弹雀处、玉渊潭钓鱼台等，都是在当时就开始修建了的。而非常著名的"燕京八景"的说法就起源于金代。怎么样？金代虽然时间不长，可是修建的皇家园林也很多。

在元代的时候，北海、中海、南海这三个园林的水景开始连贯起来，并且在这三个海的边上修建了一些宫殿，称作"西苑"。除此之外，在宫廷之内还有御花园，在宫廷外有东苑、西苑、北果园、南花园、玉熙宫等。这些皇家园林都围绕在皇宫附近，还有一些离皇宫较远，比方说猎场、南海子、上林苑、聚燕台等。

在明代的时候，虽然没有太多的皇

▲华清宫复原模型

家园林，可是当时修建了一些祭天地的园林，比方说圜丘坛（现天坛）、方泽坛（现地坛）、日坛、月坛、先农坛、社稷坛等。

元朝和明朝，皇家园林的修建也没有停止。

4. 清朝时期——皇家园林的成熟和集大成

到了清朝时期，皇家园林的建设趋于成熟。是哪个皇帝让皇家园林变得成熟起来的呢？主要是两个皇帝，康熙和乾隆。

为什么在清代能够建造这么多的园林呢？

因为当时清代定都北京，北京也是明代的首都。所以清代的时候，直接利用明代的宫殿住就可以了，不用再修建了。可是明代没有修皇家园林让皇帝游玩！所以清代就拿钱去修皇家园林了。那时，从海淀镇到香山，共分布着静宜园、静明园、清漪园（颐和园）、圆明园、畅春园、西花园、熙春园、镜春园、淑春园、鸣鹤园、朗润园、自得园等90多座皇家园林，连绵一万米！此外在北京城外还有许多皇家御苑。最著名的是圆明园、清漪园（颐和园）、避暑山庄、北海。

颐和园的格局是北山南水。它仿照的是南方的西湖、寄畅园和苏州的水乡风貌。在颐和园最突出的地方是一个大建筑——佛香阁。这种布局让你有一种 "普天之下，莫非王土" 的感觉。

北海是继承我们前面说到的 "一池三山" 传统发展起来的。北海里的岛叫做琼华岛，它是仿建的 "蓬莱"。所以如果你早晨去北海的话，晨雾中的琼华岛会让你以为你到了神仙居住的地方呢。

建在承德的避暑山庄，利用了当地美丽的自然环境，没有修建太过华丽的宫殿。皇帝到了夏天就去那里度假，过着亲近自然的生活。

被英法联军烧毁的圆明园，建设在平地上。它利用丰富的水源，挖池堆山，形成了非常漂亮的皇家园林。

皇家园林为什么在中国的清朝发展得这么好呢？

这里主要有两个原因。一是因为皇帝觉得江南的园林很好，所以想学习那些私家园林的建设。而那些私家园林为什么建造呢？就是因为在园林中居住躲开世俗。所以，皇帝也在这些皇家园林里料理朝政，给这样的做法还起了个好听的名字，叫做 "避喧听政"。

▲尊贵的皇家园林

二是因为皇家园林是皇帝要用的，一定要有派头才行，这样一来，就使得皇家园林里的景点特别多，甚至有上百个景点。这么多景点大部分都是对其他园林的仿制，就像对江南小园的仿制或者对佛道寺观的仿制。

皇家园林的特点有哪些呢？

第一个特点是皇家园林规模宏大。在中国历史上，皇帝如果想建造园林，肯定是动用全国的钱财来建造了。所以皇家园林可以建造得非常大。比方说，唐朝的时候建造了长安宫城北面的禁苑。这个园林南北长16.5千米，东西长13.5千米。想要走一圈的话至少得一天时间。而说到规模宏大，北宋徽宗时的艮岳，也是非常宏大的。它是在人造山系——万岁山的基础上改建而成，"山周十余里"！

说到规模宏大，那清代是最有代表性。

我们平时经常说的避暑山庄，围墙有10千米长，里面有564平方千米的湖光山色；而被英法联军烧掉的圆明园，也有200多平方千米。最有名的颐和园规模也不小，占地约287平方千米。

这么宏大的规模，寺庙园林和私家园林是根本比不了的！

第二个特点就是园址选择自由。全中国的土地都是皇帝的。想要在哪里建造园林，谁敢说不答应呢？所以皇家园林选景非常自由。比方说清代避暑山庄，它西北部的山是真山，东南的湖景是天然湖改造成的。这么大的手笔，这么自由的选址，除了皇家园林，谁也无法做到。

第三个特点是建筑富丽。秦始皇建造的阿房宫，"五步一楼，十步一阁"，楼阁挨着楼阁，非常富丽。而到了清代就更厉害了。它不仅增加了园内建筑的数量和类型，又凭借皇家手中所掌握的雄厚财力，突出了建筑的形式美。这样一来，清代的皇家园林就变得无比富丽堂皇了。如果用一句话来说，那就是：论其体态，雍容华贵；论其色彩，金碧辉煌！

第四个特点是有很多地方象征着皇权。在古代，凡是和皇帝有直接关系的建筑，比方说宫殿、祭祀、埋葬，都要有地方象征皇权至尊才行。

皇家园林当然也不能例外了。可是这怎么象征呢？

举个简单的例子吧。就说圆明园，它里面有个湖，湖中列着九个岛，象征着九州大地。东面有片福海，象征了东海。西北角上的全园最高土山"紫碧山房"，象征了昆仑山。

第五个特点是全面吸取了江南园林的诗情画意。北方园林模仿江南园林，这在明代的时候就已经出现了。后来，这种风气影响到了清代的皇家造园。

在康熙年间，江南有个著名造园家叫做张然。他奉旨为西苑的瀛台、玉泉山静明园堆叠假山。堆叠完假山之后，他又和江南画家叶洮一起主持了畅春园的规划设计。江南的造园家和江南的画家在一起主持畅春园的设计，设计出的畅春园当然很像江南的园林了！

但是对江南园林吸取最多的，是乾隆皇帝。乾隆皇帝六下江南，他在江南看上的园林，都让画家画下来，然后带到北京，建造皇家园林的时候就学习参考那些画的图画。这样做，一下子就让皇家园林变得和江南园林很像了！

私家园林

什么是私家园林呢？

在中国古代，有一些人非常有钱，比方说王公、贵族、地主、富商、士大夫，他们会给自己建造很多园林，这些地方就被称为私家园林。私家园林在古书里又称为园、园亭、池馆、山池、山庄、别墅、别业等。

中国的私家园林是怎么发展起来的呢？

中国的私家园林很可能与皇家园林起源于同一时代。可是我们现在去查古代的历史书，查到的资料却很少。比方说，从已知的历史文献中，我们只能知道在汉代有梁孝王的兔园，大富豪袁广汉的私园。这个时候的私家园林都是模仿皇家园林建造的，并且规模较小，内容朴实。

汉代之后，就到了魏晋南北朝时期，社会陷入大动荡，社会生产力严重下降，人口锐减，人民对前途感到失望与不安，于是就寻求精神方面的解脱。有很多当官的人就开始逃避现实，到深山里去做隐士。社会既然流行做隐士，那么这个时候的私家园林肯定就会像深山老林一样，亲近自然了。比方说洛阳的西晋大官僚石崇的金谷园，会稽的东晋山水诗人谢灵运的园林，这两个园林都非常著名，它们都是在自然山水的基础上修建的山水园。

天下合久必分，分久必合。所以魏晋南北朝分裂之后的唐宋时候，不仅社会安定，而且文化得到了很大的发展。尤其是诗词书画艺术，更是达到了巅峰时期。我们现在一说谁写文章写得好，一般都是李白、杜甫、白居易、王安石、苏东坡，这些都是唐宋时期的人。所以这个时候流行文人造园。他们把诗情画意放在他们的园林里，非常漂亮。

到了明清时期，私家造园才开始真正的兴盛起来。这个时候的有钱人都居住在城市里，所以他们的私家园林多为城市宅园。这就使得这些园林的面积很小。但是就在这小小的天地里，却营造出了无限的境界。清代有个著名的造园家李渔，他总结这时候的私家园林时说："一勺则江湖万里。"也就是说，一个小池子，就像江湖一样美丽！

那么，这个时候有名的私家园林有哪些呢？

著名的南方私家园林有无锡的寄畅园、扬州的个园、苏州的拙政园、留园、网师园和环秀山庄狮子林等。北方私家园林则有翠锦园、勺园、半亩园等。

北方的私家园林和南方的一样吗？

的确不一样。在北方的私家园林，受到老北京四合院的影响较大，所以建造起来不大方。南方的私家园林就不一样了，它在空间布局上更加自然大方。

具体来说有什么区别呢？

从水池大小来看，北方因为水少，所以水池一般都很小。可是南方降水很多，所以水池一般都很大。

从假山材质来看，北方私家园林选用的是北方产的石头为多。南方私家园林选用的是南方产的太湖石。

从园林建筑外观造型来讲，北方园林建筑显得稳重大度，屋角起翘较平；而南方园林建筑则空灵、飘逸，屋角起翘很大。

从种植的植物上来看，北方私家园林中，油松、桧柏、白皮松、国槐、核桃、柿子、榆树、海棠较为常见，而南方私家园林中常以梅花、玉兰、牡丹、竹子、榆树、芭蕉、梧桐等为主要树种。

从色彩上讲，北方园林是灰瓦、灰墙、红柱、红门窗、绿树、黄石、青石为特点，色彩艳丽、跳动。南方园林则是以太瓦、粉墙、掠柱、棕门窗、灰白石、绿树为特点，色彩清雅、柔和。

有这么多的不同，那两者有一样的地方吗？

第一个特点是规模较小，一般只有几亩至十几亩，小者仅一亩半亩。怎么这么小呢？一方面是因为私人没必要建造这么大，另一方面也没有这么多钱。所以在这么小的范围里，造园家的主要构思是"小中见大"，就是在这么小的园林里，通过自己的设计、种植树木、修建建筑、开凿池塘，让这个园林变得大起来。

第二个特点是以水面为中心，四周散布建筑，构成一个个景点，几个景点围合而成景区。

第三个特点是以修身养性、闲适自娱为园林的主要功能。

第四个特点是有很高的文化氛围。为什么

▲北方私家园林之勺园

呢？因为古代只有读书人才能做大官，所以这些修建园林的当官人多是文人学士出身。他们能诗会画，所以也喜欢清高风雅的风格。于是，这些园林把淡雅脱俗当做最高追求，充溢着浓郁的书卷气。

前面我们已经了解了私家园林的简单历史，接下来就让我们详细地看一看私家园林在各个时代的特点吧。

◆ 商朝或更早

我们已经知道了，园林的最早形式是商朝的囿。大约在公元前16—前11世纪，商朝的甲骨文中就有了园、圃、囿等字。在商朝末年和周朝初期，不但"帝王"有囿，有些有钱的奴隶主也有囿。只不过在规模上有所区别。

从各种史料记载中可以看出，商朝的囿多是把自然环境中的草木鸟兽

▲南方私家园林之寄畅园

和猎取来的各种动物放在里面，然后再用人工挖池筑台，掘沼养鱼。因为当时不需要建筑太多的建筑物，所以这些地方一般都是方圆数千米，或更大范围。这些奴隶主在里面打猎、游玩。这些活动让奴隶主非常快乐，是他们娱乐和欣赏的一种精神享受。

◆春秋、秦汉和三国时代

我们翻阅历史书，会发现在春秋、秦汉和三国时代，统治者已开始利用明山秀水的自然条件，兴建花园，寻欢作乐了。

比如，当时东晋顾辟疆在苏州建立了辟疆园，这个应当是江南最早的私家园林了。

而到了汉初，因为商业发达，所以富商大贾的生活非常奢侈。他们开始大量修建私家园林。当时的书有一本叫做《西京杂记》的，书里记载："茂陵富民袁广汉，藏镪巨万，家童八九百人。于北邙山下筑园，东西四里，南北五里，激流水注其中。构石为山，高十余丈，连延数里。养白鹦鹉、紫鸳鸯、牦牛等奇兽珍禽，委积其间。积沙为洲屿，激水为波涛，致江鸥海鹤孕雏产崽，延漫林池；奇树异草，靡不培植。屋皆徘徊连属，重阁移扉，行之移晷不能偏也。"这么丰富的园林，就是那些富豪们建造的私家园林。

在三国魏晋时期，出现了一大批画家。他们多画山峰、泉、丘、壑、岩等自然山水。他们画的山水很美丽，这么美丽的山水，让那些建造园林的人非常想把这些画上的景物作为参考，来建造他们的园林。因此，这个时候的私家园林很讲究 "诗情画意"。这种"诗情画意"的造园艺术，为隋唐的山水园林艺术发展打下了基础。

◆魏晋南北朝

这个朝代，我国的私家园林进步非常快。

当时那些每天都看书写字作画的文人雅士很厌烦战争，于是就躲到山水里，不关心世事。为了更好地能够亲近山水，于是富豪们就开始按照山水的形态来建造自己的私家园林了。

那么，这个时期的私家园林有什么特点呢？

此时的私家园林，从汉代非常大的规模，变成了很小的形式。这说明园林内容从粗放向精致发展了。同时，这个时候园林也不仅仅是单纯的对山水进行模仿。造园者开始把山水提炼出来，然后让它们包含老庄哲理、佛道精义、六朝风流、诗文趣味这些文化要素。

这些小型的私家园林获得了社会上的广泛赞赏。著名文人庾信曾专门写了一篇《小园赋》。在这篇文章里，他称赞这些小园是："一枝之上，巢父得安巢之所；一壶之中，壶公有容身之地。"

从这个时期开始，私家园林开始成长起来。它慢慢可以和皇家园林平起平坐了。但是它的艺术成就还处于比较幼稚的阶段。不过不管怎么说，这个时期的私家园林，已经在中国古典园林的三大类型中率先向精致化发展了。

当时最著名的私家园林是西晋石崇的"金谷园"。

◆唐代时期

说到唐朝，大家想到的肯定是盛唐。这个时候国力这么强盛，园林发展肯定很快。

没错。唐代首都是长安，那里的私家园林很发达。当时，那些居住在长安的富豪们，把山体、水体、植物、动物、建筑等进行融合，又把诗情画意引入园林。这样一来，私家园林更加崇尚自然了。

这个时候，除了长安，还有别的地方有私家园林吗？

其实，长安是首都，但是还有个第二首都，就是洛阳。洛阳的官僚贵族很多，它们也建了许多园林。北宋的时候，有个著名作家叫李格非，他写了一本书叫《洛阳名园记》。这本书里他介绍了19个洛阳的私家园林！

这个时候，私家园林开始出现了新的特点。比方说园林单独存在，专供官僚富豪休息、游赏或宴会娱乐之用，而住的地方在园林的外面。这是以前没有过的。

◆元代时期

大家都知道，元代是蒙古人做皇帝。在蒙古人的统治下，私家园林出现新的特点了吗？

让人感到惋惜的是，这个时候私家园林仍然是唐宋以来的文人园形式，没有出现太多新的特点。

当时比较著名的私家园林有河北保定张柔的莲花池，江苏无锡倪赞的清闷阁云林堂，苏州的狮子林，浙江归安赵孟頫的莲庄以及元大都西南廉希宪的万柳园、张九思的遂初堂、宋本的垂纶亭等。

但是关于这些私家园林的文字记载很少，我们只能从留至今日的元代绘画、诗文等与园林风景有关的艺术作品来看它们了。在这些绘画和文章里我们看到，文人雅士每天都在这些园林里饮酒作诗，呼朋引伴使这些园林的书卷气更加浓厚了。

元代的私家园林既然没有自己的特点，是不是可以说私家园林没得到发展呢？

也不能这样说。因为在元代，江苏、浙江的私家园林完成了从写实到写意的过渡。什么意思呢？就是把园林从简单的模仿山林野趣，

▲金谷园图

变成了既有山水植物，又有建筑的漂亮地方。

◆明清时期

到了这个时候，园林艺术已经非常成熟了。而私家园林，发展的也很迅速。

在明、清这两个朝代，封建士大夫们建造了大量的山水园林，用来作为日常聚会、休息、宴客、居住的场所。这些私家园林，一般都建在城市之中或者近郊，与住宅相连。它们一般都很小，喜欢有很多各种各样的风格。

那么，具体是什么样子呢？

这些园林一般来说风格素雅精巧，平中求趣，拙间取华，让园主人和游客都能充分欣赏到中国园林艺术的美丽。如果我们去那里游玩，就会发现那些园子里有很多小山，建在土丘上，还有很多水池在洼地里。在这里你会看到有很多的亭、台、楼、阁，还有丰富的树木花草。

这些园林都在哪里呢？

它们几乎遍布全国各地，其中比较集中的地方有北方的北京，南方的苏州、扬州、杭州、南京。其中江南的私家园林是最为典型的代表。

江南私家园林大都是封建文人、士大夫及地主经营的，比起皇家园林来可说是小本经营，没有钱去建造更大的，只能在细节上下功夫。走进这些江南私家园林，你会发现它们的房间里有很多的字画、工艺品、精致的家具。经过精心的布置，这些东西很好地陈列在房间里，就形成了我国园林建筑特有的室内陈设艺术。

同时，在明清时候的江南私家园林里，你会发现里面充满了自然美、建筑美、绘画美和文学美。这些艺术的魅力在这些私家园林里得到了淋漓尽致的体现。但是作为一个园林，它又有自己的特点。因为它是在自然的基础上建造的，所以它既能体现这些人工艺术美，还能体现自然美。

随着时代的不同，园林艺术的精品分布也不一样。比方说在清朝的康熙、乾隆时代，江南私家园林多集中在交通发达、经济繁盛的扬州地区。后来苏州地区经济开始发达，无锡、松江、南京、杭州等地方的私家园林也不少。比方说扬州瘦西湖沿岸的二十四景（实际一景即为一园），扬州城内的小盘谷、片石山房、何园、个园，苏州的拙政园、留园、网师园，无锡的寄畅园等，都是著名的园林。

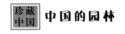

这些著名的园林好在哪里呢？

因为江南气候温和湿润，花木生长良好，所以你会发现在这些园林里有很多落叶树，同时又有一些常绿树，再栽种一些青藤、篁竹、芭蕉、葡萄等，就能让这个园子里四季常青，繁花翠叶，季季不同了。同时，这些园林里的建筑也很有特色。它们翼角高翘，使用了大量花窗、月洞，空间层次变化多样。

在江南私家园林里，还有很多石头的运用也恰到好处。因为在南方有个湖叫太湖，那里的石头非常美，所以江南做假山的石头一般都是太湖石。它们有的聚垒，有的散置，能够仿出峰峦、丘壑、洞窟、峭崖、曲岸、石矶等多种样子来。太湖石因为它透、漏、瘦的独特形体，还可作为独峰欣赏。

那么，这些建筑的色泽如何呢？

江南园林之所以这么美，很大程度上是因为它的建筑色彩淡雅，粉墙青瓦，赭色木构，就像一幅清新的水墨画一样，很有感染力。

私家园林为什么能够逐渐成熟起来呢？

一方面，是因为文人士大夫希望造山理水以配天地，寄托自己的政治抱负。但是另一方面，这些人又发现社会的动荡和政治的腐败让他们没法实现这些抱负。于是，他们就接受了老庄崇尚自然的思想，把以自然无为作为自己的人生之道。所以这些园林中有很多非常贴近大自然的地方。它们中的山水不再局限于像我们前面提到的东海三山，而是具体的山水。同时，因为在封建时代，私人建园不能随意建造，只能遵守一定的规则，所以他们的规模与建筑样式受到了很多限制。

正是因为这些限制，所以私家园林只能在细节上下功夫。

于是从南北朝时期起，私家园林就自觉地尚小巧而贵情趣。一些知识分子甚至借方士们编造的故事，把园林称作"壶中天"。就是说这个园林就像水壶中的天地一样，虽然地方很小，但是感觉是无穷大的。

另外有一些儒家知识分子，它们不像道家知识分子那样消极遁世。可是在那个时代，每个人都有被砍头的危险，所以他们也需要一个安静的环境来修身养性。这个环境不用很大，只要能在城市的喧闹中有一种隐居的氛围就够了。在这里，他们可以过简朴的生活，可以磨炼自己的意志和德行。世道一旦清明，明君一旦出现，他们就即刻复出，走出这个园子，走入朝廷。这是他们的人生理想。

这在孔子那个时代就是他们的理想了。当时孔子夸奖自己的徒弟颜回，说他在艰苦的生活中，"一瓢饮，一箪食"，也不改变自己的志向。这就是古语所说"身在山林，心存魏阙"。于是，很多中国古代的儒家文人就把这样的理想作为自己的目标，在失意的时候就可以在自己的园林里"文酒聚三楹，晤对间，今今古古；烟霞藏十笏，卧游边，山山水水"了。

那么，私家园林和皇家园林之间有什么不同点和相同点呢？

的确有。不同的地方很明显。比方说，私家园林中建筑面积很小，每个建筑也不大，屋顶上一般是灰瓦。装修简洁，不施彩画。皇家园林就是金碧辉煌了。但是私家园林中的淡雅精深，其中文学艺术作品（匾额、楹联、勒石、诗词书画）的数量和它们深刻的寓意，是皇家建筑所不能比的。

当然两个园林也有相通的地方。像私家园林的审美趣味，后来就被皇家园林所吸纳了。

那么，私家园林是不是不准外人随便进入呢？如果老百姓想去怎么办？

这个问题当时也解决了。

像一些儒家知识分子，他们一旦当了地方官，有时候也会修建一些郊野公共园林或少量园林式建筑，供市民踏青登高赏景之用。这些建筑和园林很像私家园林的风貌。例如我们都知道苏东坡，他做过两次杭州太守。做官的时候，他先后疏浚西湖，筑苏堤，修石灯塔，造各种亭台，让老百姓们去游玩享受。

可是我们在了解私家园林的时候会发现一件好玩的事儿，就是几乎所有好的私家园林都在南方，这里面有没有特殊的原因呢？

这里的原因其实有很多。比方说，江南江流纵横，河网密布，水源十分丰富，气候温和。再比如江南适宜生长常青树木，植物花卉品种多。并且我们都知道，修建园林需要大量的石头，而江苏、浙江一带多产石料。所以江南私家园林就很兴盛了。

那江南私家园林里到底是什么样子呢？

这些私家园林大部分在一定的范围内围合，精心营造。它们一般把厅堂作为园中的主体建筑，景物紧凑多变，用墙、垣、漏窗、走廊等划分空间，大小空间主次分明、疏密相间、相互对比，构成有节奏的变化。

这么多空间会不会迷路呢？不会的。因为它们常用多条观赏路线联系起来，道路迂回蜿蜒。在主要道路还会建造曲折的走廊。在道路两旁是池水。这些水面以聚为主，以分为辅，大多采用不规则的形状，用桥、岛等使水面相互渗透，有一种朦胧美。

总体来说，这些私家园林小中见大、掘地为池、叠石为山，创造出了优美的自然山水意境。它们大多由文人、画家设计营造，所以有着深刻的哲学思想和精彩的艺术情趣。当然了，因为私家园林的主人往往有隐逸的思想，所以它所表现的风格大体上是朴素、淡雅、精致而又亲切。

▲充满诗情画意的江南园林

中国园林的艺术特点

说了这么多有关中国园林的知识，大家一定对中国园林感到自豪吧！

既然我们已经知道了这么多中国园林的知识，可是如果有人问我们，中国园林和外国园林有哪些区别呢？

不要着急，接下去就让我们来看一下中国园林的特点吧。

第一个特点，中国园林是模山范水的代表。像地形地貌、河流瀑布、花草树木，这些自然景物是中国古典园林的主要组成部分。园林就是通过建筑家的奇思妙想和感情，把这些自然景物设计成美丽的地方。

第二个特点，中国园林不会被围墙限制，它的园林景观与外面的自然景观相联系，这样一来，整个园林就显得和周围融为一体了。

第三个特点，就是适合人居住的理想环境。中国古代生活环境不好，夏天没有电扇，冬天也没有暖气，那怎么办呢？只有通过在建设的时候，更好地布局山水、种植植物这样的方式，来建造冬暖夏凉的园林来居住了。所以中国园林是非常好的居住地。

第四个特点，就是小中见大的空间效果。古代园林，尤其是寺庙园林、私家园林，都

知识链接 ⌄

大家一定很想知道，中国园林有什么样的艺术境界，可以让大家这么喜爱呢？

第一，叫做生境。就是制造美丽的境界。原来是美丽的大自然，现在我们在大自然里建造人工的景观，就是在自然美中创作生活美。关于这个境界，明代有个造园家叫计成的，他在《园冶》这本书里说："虽由人作，宛自天开。"说的就是这种境界。

第二，叫做画境。就是用各种方式，把园林建造得像一幅美丽的图画那样。那怎么样才能达到这个境界呢？这就需要把美丽的素材进行艺术加工了。

第三，叫做意境。这是最高的境界。生境之后是画境，画境之后才是意境。什么是意境呢？就是通过建造园林来抒发一种感情，追求一种理想。园林建筑家在园林创作中寄托了很多自己的理想。这样的园林，就是有意境的园林了。

不太大，所以要想在这小地方中发现大乐趣，只有一个办法。什么办法呢？就是"以有限面积，造无限空间"。当然，这里的"大"和"小"是相对的，关键是什么呢？关键是"借自然之景，创山水真趣，得园林意境"。

第五个特点，中国园林里面是循序渐进的。如果你去园林里看一看，就会发现里面的景物参差交错、互相掩映。里面的那些自然山水、人文景观，都被建筑师故意分割成很多的片段。这就会让去玩的游客觉得"山重水复疑无路，柳暗花明又一村"！

第六个特点，是耐人寻味的园林文化。中国园林的文化底蕴是很深厚的。有的小朋友肯定会说，在中国园林里，经常会有楹联匾额、刻石、书法、艺术、文学、哲学、音乐等艺术形式。这些艺术形式让我们在园林里游玩的时候，不仅能快乐的休息，还能快乐的学习呢！

看吧，中国园林果然有它独特的魅力。你是不是已经想去很多中国的园林游玩了呢？

▲众人品味中国园林

三

中国著名皇家园林

皇家园林的博物馆——颐和园

颐和园简介

颐和园在北京市海淀区，离北京城区有15千米，是我国现存规模最大、保存最完整的皇家园林，还是中国四大名园（另外三座为承德的避暑山庄，苏州的拙政园，苏州的留园）之一。它占地大约2.90平方千米，被誉为皇家园

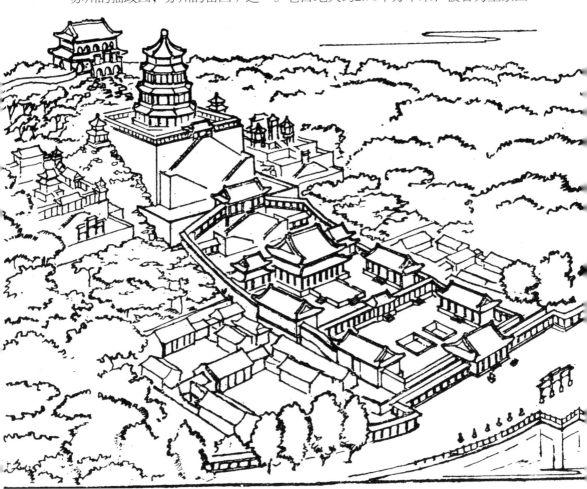

▲鸟瞰颐和园佛香阁建筑群

林的博物馆。

颐和园原来是清朝帝王的行宫和花园。它的前身叫做清漪园，是三山五园中最后兴建的一座园林。它最开始是从1750年建造的，到1764年建成，水面大约占了四分之三。

颐和园集中了优秀的传统造园艺术，利用昆明湖、万寿山作为基址，把杭州西湖风景区当做蓝本，汲取了江南园林的某些设计手法和意境。综合这些，建成了一座大型的天然山水园。这座园林包含了中国皇家园林的恢弘、富丽，又充满了自然的情趣，高度体现了"虽由人作，宛自天开"的造园准则。

颐和园可不仅仅是一座公园。

它曾经是清代政治活动的重要场所，特别是在晚清，这里成了皇帝在故宫之外最重要的政治和外交活动中心，也是中国很多重大历史事件的发生地。它默默地记录了许多宫廷生活的历史，也见证了清王朝的由盛转衰。

这里还是清朝皇家的避暑胜地，同时还是慈禧太后晚年养老的地方。今天的颐和园已经成了国内外客人游玩的乐园。在这里，每年游客超过了千万人次，成为中国最著名的景点之一，也得到了众多文人的赞美。这座东方的园林瑰宝在1998年11月被列入了《世界遗产名录》。到2007年5月8日，颐和园经过国家旅游局的正式批准，成为国家的5A级旅游景区。2009年，颐和园入选了中国世界纪录协会，被确认为中国现存最大的皇家园林。

知识链接 ⌄

陈毅元帅1957年9月在《人民日报》上发表了一首散文诗，题目叫做《颐和园划船》，其中有这样一段：

啊！颐和园的景致十分灿烂，
建筑师可以到这儿研究建筑工程，
庭院艺术在这儿也找到百科大全。
不可以说这园子的建造完全是为了消遣，你看它早就是供应北京城的大水库，
也灌溉京西郊区一大片稻田。
哪一处都贯串着人民的智慧与血汗，
设计师也苦费了科学钻研！
这也许是叶赫那拉氏一生所干的唯一的好事。
她并没有意料到她从覆灭的海军中，
保留下一座宏伟而美丽的大花园。

颐和园的美景

颐和园景区的规模很大，主要由万寿山和昆明湖两部分组成。园内的中心建筑叫做佛香阁。在这座园林中，有景点建筑物100余座、大小院落20余处，3 555项古建筑，面积达到了70 000多平方米。一共有亭、台、楼、阁、廊、榭等不同形式的建筑3 000多间，古树1 600余株。其中佛香阁、长廊、石舫、苏州街、十七孔桥、谐趣园、大戏台等在中国可以说已经是家喻户晓了。

园中主要景点大致分为三个区域：庄重威严的仁寿殿代表了政治活动区，乐寿堂、玉澜堂、宜芸馆等庭院是生活区的代表，万寿山和昆明湖是风景游览区。

好了，跟着我的叙述，一起领略一下这座皇家园林的魅力吧！

▲颐和园仁寿殿

　　从颐和园的东宫门入园，我们首先看到的是一座大殿。这座大殿叫做仁寿殿，是慈禧太后和光绪皇帝坐朝听政、会见外宾的地方。它原名是勤政殿，光绪皇帝重建的时候把它改成了仁寿殿。仁寿殿坐西向东，横着有七间，两侧有南北配殿。殿前是仁寿门，门外是南北九卿房。

　　仁寿殿的正面高悬着"寿协仁符"大匾，匾的两侧分别挂着"寿"字。这里的"寿"字可不小，它比你还要高！

　　大匾的下方是紫檀木雕成的宝座，成对的铜龙、铜凤、铜缸和四只铜鼎炉排列在前面。大殿前两侧分别放着腹内镂空的铜龙凤，是燃烧松木用的。

　　院中间和四周各有一块色暗有孔的奇石。这些石头象征了一年的四季，被称作"峰虚无老"。在大殿的北面还有一口水井（现已废弃）。这个井还有个小故事呢。据说慈禧太后在这里游玩的时候中暑了，喝了这口井的水之后，病马上就好了。于是慈禧太后下令把这口井叫做"延年井"。

　　离开仁寿殿，我们向西走，不远的地方就是玉澜堂。玉澜堂紧靠着昆明湖畔，是一座三合院式的建筑。它的正殿是玉澜堂，坐北朝南。东配殿是霞芬室，西配殿叫藕香榭。东殿可到仁寿殿，西殿可到湖畔码头，正殿后门对着宜芸馆。后檐和两配殿都有墙和外界隔绝。

　　玉澜堂是一处重要的历史遗迹。光绪二十四年（1898年），慈禧发动宫廷政变，把主张变法的光绪皇帝就关在这里。

　　在仁寿殿的北面不远处就是德和园。在德和园内有一座著名的大戏台。这座戏台和承德避暑山庄里的清音阁、紫禁城内的畅音阁合称清代的三大戏台。

　　德和园大戏楼是为了庆祝慈禧60岁生日修建的，专门供慈禧看戏。它21米高，在颐和园中仅次于最高的佛香阁。戏楼一共三层，后台化妆楼有二层。顶板上有七个"天井"，地板中有"地井"。"天井"和"地井"有什么作用呢？

　　原来，在演神鬼戏时，这些鬼神可以从"天"而降，也可从"地"而出。

　　更绝妙的是，舞台底部有水井和五个方池，可以配合着剧情把水引到舞台上，来突出戏剧的效果。

　　颐和园中的大戏台是极为有名的。它见识了当年徽班进京的盛况，见识了京剧历史上最有名的人物，也见证了两百多年来京剧发展的起起落落，直到今天京剧成为中国的国粹。

从德和园向西走，我们就来到了颐和园的居住生活区。在生活区里的主要建筑是乐寿堂。乐寿堂面临着昆明湖，背靠着万寿山，是园里位置最好的居住和游乐的地方。

乐寿堂最早是在乾隆十五年（1750年）建的，但是在咸丰十年（1860年）的时候被毁了，到光绪十三年（1887年）又重新修建。

乐寿堂的殿内有宝座、御案、掌扇及玻璃屏风。座旁有两只盛水果的青花大磁盘。不要以为这里的水果是吃的。才不是呢！它们只是用来让房间有香味儿的。在它旁边还有四只九桃大铜炉，用来烧檀香，也是让房间充满香味儿的。

▲颐和园乐寿堂

乐寿堂的西套间是卧室，东套间是更衣室。室内的紫檀大衣柜是乾隆时候就有的。乐寿堂的庭院里陈列着铜鹿、铜鹤和铜花瓶，取意为"六合（鹿鹤）太平"。院里面还种植着玉兰、海棠、牡丹等，名花满院，象征着"玉（玉兰花）堂（海棠）富贵（牡丹）"。这里的玉兰花很有名，其中有一株还是乾隆专门从南方移植来的。

从乐寿堂向西走，就到了长廊。

长廊面向着昆明湖，北依着万寿山，东起邀月门，西到石丈亭。这段长廊全长728米，共273间，是世界上最长的长廊，被列入了"吉尼斯世界纪录"。

长廊上的每根梁上都有彩绘，共有图画14 000余幅，内容包括山水风景、花鸟鱼虫、人物典故等。画中的人物画都是从中国古典名著中来的，是难得

▲北京颐和园昆明湖和万寿山

▼颐和园十七孔桥

的艺术珍品。

走到长廊的尽头，踏进排云门，就到了排云殿。这里原来是乾隆为庆祝他母亲60寿辰而建的大报恩延寿寺。到了慈禧的时候重建，改为排云殿。这个地方是慈禧在园内居住和过生日时接受朝拜的地方。

为什么叫"排云殿"呢？"排云"二字从郭璞诗"神仙排云山，但见金银台"中来，意思就是在云雾缭绕的仙山中，神仙即将露面。

从远处看，排云殿和牌楼、排云门、金水桥、二宫门连成了层层升高的一条直线。排云殿这组建筑是颐和园最为壮观的建筑群体。

从长廊中间北上，有114级台阶。登上去就到了著名的建筑——佛香阁。佛香阁在万寿山山腰上。它在一个21米高的方形台基上，是一座八面三层四重檐的建筑。整个阁有41米高，里面有8根巨大的铁梨木擎天柱，结构很复杂，是古典建筑中的精品。

原来的佛香阁在咸丰十年（1860年）被英法联军烧毁了。在光绪十七年（1891年）的时候花了78万两银子重建。到了光绪二十年（1894年），佛香阁正式竣工。这可以说是颐和园里最大的工程了。佛香阁内供奉着"接引佛"，让皇室在这里烧香拜佛。

当你踏上山顶时，映入眼帘的是一座古朴端庄的宗教建筑。这便是著名的智慧海。它是一座完全由砖石砌成的佛殿，没有一根梁柱。建筑的外层全部用精美的黄、绿两色琉璃瓦装饰，上部用少量的紫色、蓝色的琉璃瓦盖顶。我们只要看一眼这个建筑，就会觉得它色彩鲜艳，富丽堂皇！

更有意思的是，它的外壁还嵌着一千多尊琉璃佛。

为什么叫它"智慧海"呢？"智慧海"一词是佛教用语，本来是用来赞扬佛的智慧如海，佛法无边的。我们前面说了，这个建筑没有一根木料，全部用石砖砌成，所以又叫做"无梁殿"。又因为殿里面供奉的是无量寿佛，所以也称它为"无量殿"。

我们站在万寿山上，能够看到颐和园一多半的景色。

这真的像一幅画：葱郁的树丛，掩映着黄的绿的琉璃瓦屋顶和朱红的宫墙。昆明湖静得像一面镜子，绿得像一块碧玉。游船、画舫在湖面慢慢地滑过，几乎不留一点痕迹。

知识链接 ⌄

昆明湖是颐和园的主要湖泊，它占了全园面积的四分之三，大约2.2平方千米。南部的前湖区碧波荡漾，烟波淼淼，往远处望去，只见楼阁成群。湖中还有一道西堤，堤上桃柳成行。十七孔桥横卧在湖上，湖中三岛上也有形式各异的古典建筑。

颐和园的昆明湖在很多地方很像西湖。比方说，它在改造的时候，就仿效了西湖的结构。后来它又模仿了西湖的布局，在水面上保留了五座岛屿，修建了一条长堤。如果把长堤比作项链，那么这五座岛屿就是项链上那璀璨的宝石。

南湖岛、藻鉴堂和治镜阁三座大岛分别象征着传说中的蓬莱、方丈、瀛洲3座仙岛。

西堤是由六座桥梁串连为一体的。乾隆曾在诗中称赞"六桥原不异西湖"，可见他非常喜欢西堤六桥。

昆明湖西南角有一个石舫，它的旁边有一座桥。几百年的风风雨雨后，桥身上的红漆已经脱落了。在秋天的阳光下，湖中波光粼粼，桥下水影涟洲，真让人流连忘返！

昆明湖的水面上有很多桥梁。它们大的有十七孔桥、西堤六桥，小的有昆明湖"小西冷"，还有春波、长春、莲花、倚虹、绮绣桥。桥桥不同，各具风流。

如果说最有名的桥，那必须是十七孔桥了。十七孔桥是仿照着卢沟桥修建的，有150米长。它下宽14.6米，上宽6.56米，高7米，有17个拱洞。在它的栏杆上雕刻着石狮子。这些石狮子大小不同、形态各异，仔细数一数，它们有500多只呢！

十七孔桥为什么要设计成十七个桥孔呢？

皇族以"九"为尊，因为九是个位数字里面最大的，所以和皇帝有关的数字都和"九"有关。但是如果将桥设计为九孔，就会容易被冲垮。所以工匠们就巧妙地设计了十七个桥孔。这样一来，无论从桥的哪边数起，最高的桥面都是在第九个孔。既有皇家的尊严，又不会降低桥的质量。果然，随着时间的流逝，十七孔桥依然屹立不倒，就像岸边的荷花，年年都焕发着青春的气息。

在十七孔桥东桥头的北侧有一头牛。当然不是活牛了。它是一尊镇海的铜牛。1755年用铜铸造，又叫做"金牛"。颐和园的铜牛，是我国古代用拨蜡法铸造的代表作。我国古代的雕刻，一般都是写意的，但是这只铜牛却用了写实的手法，它不仅造型生动，而且和周围环境融为一体。它是我国现存最大的古代镀金铜牛，也是颐和园内一处重要的人文景观。

后山的景观与前山非常不一样，这里是富有山林野趣的自然环境，林木荟郁，山道弯曲，景色幽邃。除中部的佛寺"须弥灵境"外，建筑物大多数和周围环境组成精致的小园林。它们或者在山头，或者在山坡，或者临着水面，都能随地貌灵活布置。

后湖中段两岸，是乾隆皇帝模仿江南市场修建的"买卖街"遗址。

在后山的建筑中，除了谐趣园和霁清轩是完整的之外，其他的都残缺不全。我们游玩到这里，只能凭借断垣颓壁来猜想当年这些建筑的规模。

谐趣园原来叫做惠山园，是模仿无锡的寄畅园修建的一座园中园。这个园子的中心是水面，在池子周围布置了清朴雅洁的厅、堂、楼、榭、亭、轩等建筑。这些建筑通过曲廊连接，中间种植了垂柳修竹。池的北岸是假山。

为了更加有诗情画意，建造者从后湖引来了活水。这些水经过玉琴峡，沿着山石跌落，一直落到水中。叮咚的流水声更增加了这座小园林的诗情画意。

到了这里，颐和园玩的差不多了吧？

没有呢。还有一处重要的景观我们还没有游览。哪一处呢？

四大部洲。它在万寿山后山的中部，是汉藏式的建筑群。这处建筑占地2万平方米，因山顺势，就地起阁。前面有须弥灵境（现改为平台），两侧有3米高的经幢，后面有香岩宗印之阁。在它的四周是象征佛教世界的四大部洲——东胜身洲、西牛货洲、南赡部洲、北俱卢州。除了这四大部洲，还有用不同形式的塔台修建成的八小部洲。

当然还不仅仅有这些，在它的南、西南、东北、西北四个方向，还有代表了佛经"四智"的红、白、黑、绿四座喇嘛塔。塔上有十三层环状的"相轮"，表示了佛经的"十三天"。塔形别致，造型端庄美观。

四大部洲和八小部洲中间有两个凹凸不平的台殿，一个代表了月台，一个代表了日台，象征着日月环绕佛身。

可以说，颐和园雍容华贵、湖光山色，集中了中国造园艺术的精华，不愧是园林艺术的集大成者！

颐和园里有趣的故事

◆ 万寿山名字的来历

万寿山原来叫翁山。因为传说有一个老人在山脚下曾经挖出一个石翁，所以取名翁山。到了明朝嘉靖年间，石翁已经不见了，但是翁山这个名字却一直流传着。明朝弘治七年（1494年），皇帝的乳娘助圣夫人罗氏，曾经在翁山的南面修建了一座规模不小的圆静寺。到了清乾隆十六年（1751年），正好是乾隆的母亲钮祜禄氏"孝圣"皇太后60岁生日。乾隆为了表示他的一片孝心，于是把翁山改为了万寿山。

◆无尾铜牛

十七孔桥旁边的铜牛很受游客喜爱，它精美的造型和栩栩如生的神态让人们赞不绝口。关于这头铜牛还有一段有趣的传说哩。

慈禧建颐和园时，想学天上的王母娘娘，于是下令：颐和园要修成"天上人间"。佛香阁象征天宫，昆明湖好比天河，八方亭和龙王庙一带便是人间了。既然有天河，当然就还要有牛郎和织女了。于是在八方亭下面的昆明湖边上，安置了一头铜牛，用来象征牛郎；在石舫的旁边又建了一座织女亭。铜牛的身子朝东，头扭向西北，正冲着织女亭所在的方向。这样一来，就形成了左有"牛郎"、右有"织女"的景观。

▲颐和园十七孔桥旁的铜牛

▼颐和园十七孔桥雕刻着石狮的汉白玉栏杆

从此以后，这头"铜牛"就这样望着"织女"。有一年的七月初七，也就是天上的牛郎会织女的日子。这头铜牛突然活了。它离开了原来的位置，一步一步地走到湖里，然后朝着织女亭的方向游过去了。可是昆明湖太大了，这头铜牛游到一半便沉到了湖底，再也出不来了。

有人将这件奇事禀报了慈禧。她起初不信，亲自到十七孔桥一看：铜牛果然不见了。怎么办？"天河"边不能没有牛郎呵！于是又派人仿照过去的铜牛赶制了一只，放在原来的地方。为了防止它再跑，就用铁链子将它锁上了。

到了第二年的七月初七，这第二头铜牛又动了起来。眼看铁链子也锁不住了。慈禧连忙下令让几个手下去将它拉住。这几个壮汉用尽全身力气拼命拽着"牛"尾巴。由于用力过猛，"咔嚓"一声，尾巴拉断了。这时候又有人找来了更粗的铁链子，七手八脚总算将铜牛锁住了。从此昆明湖边上便留下了一只断了尾巴的铜牛。不过，这已经是第二只了。第一只铜牛哪里去了呢？至今还在昆明湖底下哪！

◆修建十七孔桥的传奇故事

北京地区流传着一句歇后语：卢沟桥的狮子——数不清。其实，颐和园里的十七孔桥，雕刻了五百多只狮子，比卢沟桥的狮子还多好几十只呢！

十七孔桥是颐和园里最大的一座桥，

全长150米，东连八方亭，西接南湖岛，那上边雕刻着石狮子的汉白玉石栏杆，就像是一道彩虹，把人世间和蓬莱仙岛连接起来了。

相传，在乾隆年间修十七孔桥的时候，请来了许多能工巧匠。那晶莹洁白的汉白玉，是石匠们一斧一凿从房山的大石窝开采的。有一天，修桥工地上来了一个七八十岁的老头儿，脸上的土有一个硬币厚。他背着工具箱子，一边走一边吆喝："谁买龙门石？谁买龙门石啊？"工地上的人看他那肮脏劲儿，都以为他是疯子，谁也没搭理他。老头子在工地上转悠了三天，也吆喝了三天，还是没人理他。

这个老头背着工具箱子离开工地，往东走到六郎庄一棵大槐树底不走了。他夜里就睡在树底下，每天鸡叫头遍起身，抢起铁锤，叮叮当当凿那块龙门石。一天傍晚，下起了瓢泼大雨，风吹雨迷得老头睁不开眼睛，他双手抱头蹲在树底下避雨。正好，村西住的王大爷从这路过，见那老头的样子，挺心疼，就让他搬到自己家里来住。

老石匠搬到王大爷家，有房子住，还管饭吃。他整整住了一年，也叮叮当当敲了一年龙门石。一天早晨，他对王大爷说："今天我要走了，我吃你的饭，住你的房，你的恩情我一辈子也忘不了。我也没有什么报答的，就把这块石头留给你吧！"王大爷瞅了瞅汉白玉龙门石，对老头说："你也别说报答不报答。为这块石头，你劳累了一年，还是你带走吧！我要它也没用。"老头说："就这块石头，真要到节骨眼上，花一百两银子还买不到呢！"说完，背起工具箱，顺大道往南去了。

颐和园里修建十七孔桥的工程快完工了，听说乾隆皇帝还准备前来"贺龙门"呢！谁也没料到，桥顶正中间最后那块石头，怎么也凿不好、砌不上。这可急坏了工程总监。这时候，有人想起了那个卖龙门石的老头子，提醒了总监，就派人到处去找他。

总监打听到老石匠在六郎庄住过，就亲自来到王大爷家。他一眼看到窗户底下那块龙门石，就蹲下量了量尺寸，结果是长短薄厚一分不差，就好像专门给十七孔桥雕刻的一样。总监高兴得合不拢嘴，对王大爷说："这是天上下来神人专门来修桥的，可救了我的急啦！你张口吧，要多少银子我支付多少。"王大爷说："你也别多给，那老石匠在我家吃住了一年，你就给一年的饭钱吧！"总监听说，留下一百两银子，就把龙门石运走了。

这块龙门石放在十七孔桥上，不偏不斜，严丝合缝，龙门合上了！

那些石匠、瓦匠们，人人都吐了一口气：总算把石桥修成了呀！要不然，皇上怪罪下来，还有大伙的活路吗？正当大家高兴的时候，有个老石匠忽然醒悟过来，对大伙说："诸位师傅现在该明白了吧，这是鲁班爷下界，帮咱们修桥来啦！"

从这以后，鲁班爷帮助修建十七孔桥的故事就流传开啦！

颐和园长廊的绘画故事

颐和园长廊是一座彩画的博物馆。长廊的彩画就像一个个中国历史和文化的小窗口，从那里人们可以了解到中国许多的传奇故事。

长廊最吸引人的地方还在于它是一座名副其实的彩画长廊。长廊的上梁枋之间，布满了色彩鲜明的彩画。人们在长廊中漫游欣赏的时候，仿佛是走入了一座建筑别致的精妙画廊。

1990年，颐和园长廊被评为世界上最长的画廊。

根据建筑形式的不同，画师们在长廊四周的梁枋等处，分别绘制了大小不同、内容广泛、形式多样的14000多幅彩画。这些彩画大体上可分为人物、山水、花鸟、建筑风景四大类。其中，最引人入胜的是200多幅人物彩画故事。

◆姜太公钓鱼

商朝末期，隐士姜子牙深信自己能干一番事业。于是，他每天在渭水钓鱼，等待圣明的君主能赏识他。一天，一个樵夫见姜子牙垂钓的情景，不禁大笑。原来姜子牙钓鱼，既没有鱼饵，鱼钩还是直的，而且钩离水面有三尺多高。姜子牙说："其实我意不在鱼，而在圣君。愿者上钩。"成语"姜太公钓鱼，愿者上钩"便源于此。后来，周文王迫切需要人才，知道姜子牙很有才能，便到渭水找到姜子牙，封他为丞相。在姜子牙的辅佐下，周文王之子周武王果然灭了商纣，建立了周朝。

◆牛郎织女

天上的织女是王母娘娘的外孙女，是个聪明、美丽的仙女。人间有个放牛郎，辛勤耕作，早出晚归。有一天老黄牛开口说话："织女要到银河洗

▲颐和园长廊

澳，如果你能乘机拿到织女的衣裳，就可娶她为妻。"牛郎照着老黄牛的话去做，终于与仙女结成夫妻，还生了一男一女。王母娘娘十分恼怒，派人把织女押回天廷，只允许他们夫妻每年七月初七相见一次。到了七月初七晚上，喜鹊在银河上搭起鹊桥，让他们夫妻见面，母子相聚。从此在晴朗的夜空，我们就可以望到银河两边两颗大星星，它们就是牛郎和织女。

◆画龙点睛

张僧繇是南北朝著名的大画家。他擅长画人物、动物，经常给佛寺画宗教壁画，他画的飞龙更是特别逼真。有一年，他在金陵安乐寺的墙壁上画了四条龙，人们纷纷叫好。可是，他却不肯把龙眼睛画上。有人问他什么原因，僧繇回答说："要是画上眼睛，它们就会飞走了。"人们不信，说他吹牛。僧繇无奈，举起画笔，在一条龙的龙头上轻轻一点，天空顿时电闪雷鸣，风雨大作，那条点上眼睛的龙真的破壁而出，乘风飞去。一会云散天开，墙壁上只剩三条没点眼睛的龙了。这就是历史上"画龙点睛"的故事。

▲民间故事"画龙点睛"，颐和园长廊

◆千里眼和顺风耳

《封神演义》说，商纣王手下有两员大将，名叫高明的能看千里，名叫高沉的能听八方，是棋盘山上的桃精和柳鬼。周国统帅姜子牙的计谋都被两妖识破了。姜子牙很着急。大将杨戬请教玉鼎真人，知道了怎么灭妖。他令士兵舞动红旗，擂鼓鸣锣，让两个妖精眼花缭乱，晕头转向。姜子牙又派人到棋盘山把桃树柳树统统挖尽，断了妖根。之后，两怪就没有妖法了。于是，姜子牙举起打神鞭，把千里眼、顺风耳两妖怪打得头破血流，一命呜呼。之后，姜子牙带着大军，又乘胜前进了。

知识链接 ✓

在魏末晋初的时候，文坛中的代表人物是阮籍、嵇康、阮咸、山涛、向秀、五戎、刘伶七个人。他们在腐败黑暗的现实面前，不仅理想破灭，自身安全也没有了保障。每次苦闷的时候，就带上琴、棋、书、画和食物，躲进山后竹林，抚琴吟诗，借酒浇愁，暂时忘却人间的烦恼。人们称他们是"竹林七贤"。但是，他们并没有真正消沉下去。他们写下大量反抗司马氏黑暗统治的诗文，嵇康还为此献出了生命。

中国现存最大的皇家园林——承德避暑山庄

避暑山庄简介

承德避暑山庄又叫做承德离宫或者热河行宫。它是中国清代皇帝夏天避暑和办公的地方。它在承德市中心区的北面，武烈河西岸一带狭长的谷地上。山庄的建筑布局大体可分为宫殿区和苑景区两大部分。苑景区又可以再划分成湖区、平原区和山区三部分。里面有康熙、乾隆钦定的七十二景，拥有殿、堂、楼、馆、亭、榭、阁、轩、斋、寺等建筑100余处。它的最大特色是山中有园，园中有山。

避暑山庄规模宏大，设计布局很科学。它在总体规划布局和园林建筑

▲避暑山庄一景

设计上都充分利用了原来的自然条件，吸取了唐、宋、明历代造园的优秀传统，学习了江南园林的创作经验，然后把它们综合、提高。可以说，承德避暑山庄是中国古典园林的最高典范。

避暑山庄借助自然风景，形成了东南湖区、西北山区和东北草原的布局。这种布局非常像中国大陆的地形布局。它的宫殿区在南端，是皇帝办公、居住、读书和娱乐的场所。今天里面还珍藏着两万余件皇帝使用过的东西。

避暑山庄用多种造园手法，营造了120多组建筑，融汇了江南水乡和北方草原的特色，成为中国皇家园林艺术荟萃的典范。

知识链接

这么大一座园林它的修建分成了两个阶段。

第一阶段：从康熙四十二年（1703年）至康熙五十二年（1713年），主要是挖湖、建岛、修岸，然后再营建宫殿、亭树和宫墙，使避暑山庄初具规模。康熙皇帝选择园中三十六个美景，定下了"三十六景"。

第二阶段：从乾隆六年（1741年）至乾隆十九年（1754年），乾隆皇帝对避暑山庄进行了大规模扩建，增建了宫殿和园林建筑。乾隆仿效他的祖父康熙，又选择了三十六个地方，用三个字命名了"三十六景"。它们和康熙命名的三十六景，合称为避暑山庄七十二景。

清朝的康熙、乾隆皇帝，每年大约有半年时间要在承德度过。所以，国家的政治、军事、民族和外交等大事，也都在这里处理。所以说，承德避暑山庄也就成了北京以外的第二个政治中心。

1860年，英法联军进攻北京，清帝咸丰逃到避暑山庄避难，在这里批准了《中俄北京条约》等几个不平等条约。

影响了中国历史进程的"辛酉政变"也是从这里开始的。

后来，随着清王朝的衰落，避暑山庄也日渐败落。

1949年中华人民共和国成立以后，承德避暑山庄及周围寺庙得到了充分重视和妥善保护。1994年，联合国教科文组织世界遗产中心将避暑山庄及周围寺庙列入世界遗产名录。

进山庄，观美景

下面，咱们就去山庄里面看一看吧。

避暑山庄分为宫殿区、湖泊区、平原区、山峦区四大部分。宫殿区在湖的南岸，地形平坦，是皇帝办公、举行庆典和生活的地方，占地10万平方米，由正宫、松鹤斋、万壑松风和东宫四组建筑组成。

正宫是宫殿区的主体建筑，它是在康熙五十年（1711年）至五十二年（1713年）修建的，到了乾隆十九年（1754年）又重新修缮、改建。现在的正宫占地有1万平方米，包括九进院落。它由丽正门、午门、阅射门、澹泊敬诚殿、四知书屋、十九间照房、烟波致爽殿、云山胜地楼、岫云门以及一些朝房、配殿和回廊等组成。

正宫又分为前朝、后寝两个部分。前朝是皇帝的办公区，后寝是皇帝和后妃们日常的生活区。主殿叫"澹泊敬诚"，是用珍贵的楠木建成的，因此

▲避暑山庄澹泊敬诚殿

也叫楠木殿，是皇帝办公的地方，各种隆重的大典也都在这里举行。

康熙时，皇太后来避暑山庄，居住在西峪的松鹤清樾，但是那里太远了。于是，到了乾隆十四年（1749年），乾隆帝就在正宫东面另建了一组八进院落的建筑，题名松鹤斋，来让皇太后居住。当年，松鹤斋内"常见青松蟠户外，更欣白鹤舞庭前"。庭院中还有驯鹿在里面游荡呢。

绥成殿后有照房十五间，门殿三间。大殿七间叫做乐寿堂，后来改名叫悦性居，是皇太后的寝宫。绥成殿、十五间照房、门殿建筑早就没有了，乐寿堂也仅剩了基址，在1998年复建。

▲避暑山庄万壑松风

出悦耳的声音。"月色江声"的题名便是从这里来的。

接下去我们就来到了避暑山庄的平原区。

平原区在山庄的北部，湖区北面的山脚下。这里地势开阔，有万树园和试马埭，是一派碧草茵茵、林木茂盛、茫茫草原的风光。

林地称为万树园，是避暑山庄内重要的政治活动中心。当年这里有28座蒙古包。其中最大的一座是御幄蒙古包，直径达24米，是皇帝的临时宫殿。乾隆经常在这里召见少数民族的王公贵族、宗教首领和外国使节。万树园的西侧是文津阁。这可是中国著名的藏书楼！另外，这里还有永佑寺、春好轩、宿云檐等建筑，它们点缀在草原、林地之间，很有层次。

游玩了平原区之后，我们再去山峦区看一看吧！

山峦区在山庄的西北部，它的面积大约占到了全园的五分之四。这里山峦起伏，沟壑纵横。放眼望去，我们可以看到有很多楼堂殿阁、寺庙从西北部的高峰到东南部的湖沼、平原地带，相对高差有180米，形成了群峰环绕、沟壑纵横的景色。

在这片山谷中，清泉涌流，密林幽深。建筑师们没有浪费这里的美丽景色，而是利用山峰、山崖、山麓、山涧等地形，修建了很多园林、寺庙。

山区的多处园林在新中国成立前遭到了破坏，但是现在保留下来的景物仍然十分迷人。我们从这里看过去，最吸引我们的就是两个山峰上的亭子。它们一个叫"南山积雪"，一个叫"四面云山"。登上这两个亭子，我们可以看到山庄的各个风景点，甚至还有山庄外的几座大庙。如果你眼睛好用的话，还能看到承德市区呢！

除了这两座亭子之外，在另一座山峰上还有一座亭子，叫做"锤峰落照"。

为什么叫这个名字呢？

因为这里有个山峰叫磬锤峰，每当夕阳西下的时候，它就会被红霞照得金碧生辉。我们在这个亭子上能把景色看得清清楚楚，于是就把这个亭子叫做"锤峰落照"了！

在避暑山庄周围，建筑者还依照西藏、新疆喇嘛教寺庙的形式修建了喇嘛教寺庙群。

万壑松风殿是万壑松风的主殿。康熙帝经常在这里接见官吏，批阅奏章，读书写字。1722年，康熙发现四阿哥胤禛的儿子弘历（乾隆帝）非常聪明伶俐，十分喜爱，于是传旨，命令把弘历送到宫中。这年的夏天，弘历由父母带领，随祖父前往承德避暑山庄。康熙将避暑山庄的侧堂"万壑松风"赐给弘历居住。因为康熙非常喜欢弘历，所以平时他进宴或批阅奏章，都要弘历在一边侍奉。弘历继位后，把这座殿宇题名为纪恩堂。乾隆三十年，乾隆写了《避暑山庄纪恩堂记》，纪念康熙皇帝对他的养育之恩。

东宫在松鹤斋的东面，地势比正宫和松鹤斋低。东宫的前面宫墙上有个大门，叫德汇门。进入德汇门后，我们一路往前走，本来可以看到门殿七间、正殿十一间、清音阁、福寿阁、勤政殿、卷阿胜境殿，可惜现在却看不到了。因为在1945年，东宫失火被烧毁，现仅存基址。其中的清音阁俗称大戏楼，和现存故宫畅音阁、颐和园中的德和园大戏楼形式差不多。阁高三层，外观非常雄伟。

湖泊区在宫殿区的北面，有0.43平方千米，其中还有八个小岛屿。这八个小岛屿把湖面分割成大小不同的区域。这些区域层次分明，洲岛错落，碧波荡漾，很有一种江南鱼米之乡的特色。在湖的东北角有清泉，就是著名的热河泉。

避暑山庄的湖区没有颐和园的昆明湖那么大，但是里面因为有岛屿分割，所以看上去是八个小湖。这八个小湖分别是西湖、澄湖、如意泅、上湖、下湖、银溯、镜溯及半月湖，它们又统称为塞湖。

在湖水旁边有没有漂亮的建筑呢？

当然有。这里的建筑是仿照江南的名胜建造的。像"烟雨楼"，是模仿浙江嘉兴南湖的烟雨楼的形状修的。像金山岛，它的布局很像江苏镇江的金山。湖中的两个岛上也有建筑。一个岛上的建筑叫"如意洲"，另一个岛上的建筑叫"月色江声"。

"如意洲"上有假山、凉亭、殿堂、庙宇、水池等建筑，布局巧妙，是风景区的中心。"月色江声"是由一座精致的四合院和几座亭、堂组成的。为什么叫做"月色江声"呢？因为在这里，每当月色美丽的夜晚，皎洁的月光，就映照着这里平静的湖水，山庄内非常安静，只有湖水在轻拍堤岸，发

▲避暑山庄月色江声

为什么要建这些寺庙呢?

原来,那个时候西方、北方少数民族的上层和贵族要定期来拜见皇帝,他们在这里住着的时候需要拜佛,于是就修建了这些寺庙。

在避暑山庄的东面和北面,武烈河两岸和狮子沟北沿的山丘地带,一共有十一座寺院,分属八座寺庙管辖。其中,有八座寺院由清政府直接管理,被称为"承德外八庙"。这些庙宇按照建筑风格,可以分为藏式寺庙、汉式寺庙和汉藏结合式寺庙三种。这些寺庙融和了汉族、藏族等民族建筑艺术的精华,气势非常宏伟,具有皇家的风范。

☰ 山庄里的传奇故事

◆烟雨楼的来历

在避暑山庄湖区的中央，有一座楼阁，名叫烟雨楼。

据说，当年乾隆皇帝喝酒后游湖，在游船上睡着了。突然，他感觉到自

▲避暑山庄烟雨楼

己面前有一个月亮形的门，于是便走了进去。走进去后，他看到一个亭亭玉立的美人斜倚着栏杆，独自凭栏远眺。乾隆大喜，惊叹美人的沉鱼落雁之貌。美人见面前的这个公子气度不凡，心中也有好感。于是两人便好了起来。

就在这时，游船晃动了一下，乾隆醒了。然后他发现这只是一个梦，但是梦中的人和景是那么真实。第二天，乾隆又去游湖，喝了一些酒后又睡着了，又梦见了自己面前有一个月亮门，里面有一个美人……就这样，一连七天，乾隆都做了同样的梦，梦见了同样的人。但是第八天之后，他就梦不到这个了。

因为乾隆非常思念这个美人，于是就给她取名为吉拉。吉拉是满语，非常美丽的意思。

时间很快过去，但是并没有消减乾隆对吉拉的思念，他发誓一定要找到吉拉。由于月亮门里山清水秀，一派江南景色，于是乾隆就来到了南方。但几个月下来，他还是没找到吉拉。

有一天，乾隆进了一家绣坊，里面挂着一幅绣品，抬头一看，乾隆又惊又喜。这个绣品上绣的正是一个月亮门，门里站着自己日思夜想的恋人。乾隆忙去打听绣品上那个人的下落。这时，从里面出来一个少妇。她说，如果乾隆能说出所绣之人的名字，便告诉他，她在哪里。乾隆想都没想，便说出了吉拉的名字。

少妇一听就吃了一惊，因为绣品上那个人就是叫吉拉！

原来，吉拉曾经找人看相，说她的夫君是一个远方来的客人，能说出她的名字，于是吉拉的姐姐便绣了这个绣品，等候这位贵客的到来。

结果呢？不说也能猜出来。乾隆带着吉拉回到了宫中，并且每次到避暑山庄时都带着她。为了让她住得舒服，他还在山庄里为她修建了烟雨楼。

乾隆封吉拉为妃子，对她非常宠爱，冷落了其他的妃子。但是吉拉很调皮，她修改了乾隆已批好了的奏折，让乾隆很生气。再加之其他妃子的谗言，乾隆一怒之下就把吉拉打入了冷宫。

其实乾隆也不是冷落她，只不过想让她好好想一想。可谁知吉拉的性子很偏，在被打入冷宫后不吃不喝，三天后便死掉了。乾隆非常后悔，但是一切都已经晚了。

◆ 山庄只为了避暑吗？

承德避暑山庄的名字好像告诉我们，这个山庄就是用来避暑的。但是它的功能只是避暑吗？

不是的。

在中国历史上，北方生活着很多少数民族。当他们变得强大的时候，就会进攻中原，所以每个朝代都要提防他们。可是，怎么提防呢？每个朝代用的手段不同。

战国时代，中原有很多小国家，像齐、楚、魏、赵、韩、燕，他们为了防守，修建了很多城墙。到了秦朝统一，就把这些墙连接了起来，于是就成了万里长城。

但是长城还没有建好，秦朝就亡了。以后历代帝王都在修建长城。

长城就是中原防守少数民族进攻的手段。

但是，长城起到了作用了么？它是否有效地防御了少数民族的进攻呢？

其实，长城发挥的作用是很小的。你看在历史上，中原王朝强盛时，根本不用长城，别人不进攻我们，我们还进攻人家呢。等到中原王朝衰落时，长城更是毫无用处。就像明朝末年，根本没有办法抵御清兵从塞外打到江南。所以说，长城在保护中原王国的时候，根本起不到应有的作用。

到了清朝，皇帝已经开始意识到这个问题了。像康熙皇帝，他详细研究了中原从秦朝以来的战争，认识到"蒙古之地，防之不可胜防"，而修筑长城只能白白的花钱，在军事上没有意义。并且修建长城还会让很多人白白送死。有一首诗说的就是这个问题：

"长城万里长，半是秦人骨。一从饮河复饮江，长城更无饮马窟。金人又筑三道城，城南尽是金人骨。君不见，城头落日风沙黄，北人长笑南人哭。为告后人休筑城，三代有道无长城。"

诗人在这首《古长城吟》中提出：三代有道无（须）长城。

康熙显然也明白这个道理，于是他不再修筑长城。为了寻找更好防御方式，他修建了一座无形的大墙，也就是避暑山庄。

避暑山庄不但阻挡了民族之间的猜忌，而且促进了包容与交流。于是，它就有了独特的历史意义。为了更好地让它发挥作用，康熙把它建在了长城之外蒙古人的牧场上，并兴建了藏族样式的佛教庙宇，用宗教、文化的民族融合解决了民族的冲突。这样一来，就充分体现了康熙皇帝政治的智慧、强大的信心和博大的气魄。

▲无形的"大墙"

避暑山庄的宫墙高大宏伟，就像长城一样，至今仍被当地人叫做"小长城"。但是它和真正的长城是完全不一样的。可以说，长城圈住的是中华大地，康熙的大墙圈住的是避暑山庄。虽然康熙的大墙形似长城，避暑山庄也酷似中华大地的缩影，二者却完全不一样。正是因为康熙帝不再修长城，所以长城不再是国境了，长城内外都是中国的土地。这种伟大的变化，使得康熙时期中国统一牢固的程度，远远超过了历代王朝。

▲萧太后

从历史上看，我们祖国在6世纪的时候依托长安城，在21世纪时依托北京城。这些伟大的城市都曾给一个时代留下了不可磨灭的记忆。然而，在16世纪的时候，肩负这一历史使命的却是一个塞外小城，就是承德。它能肩负起这个使命的原因，就在于避暑山庄。

◆避暑山庄与萧太后的传说

1973年6月，施工队正在山庄的院墙外施工。在西墙外20米远的地方，施工人员发现了一条长约33米、宽1米、南北走向的石基。这条石基埋在地下半米多深的地方，每隔半米有一个石柱墩。这很明显是宫殿的遗址。

于是，施工队就把基址掩埋加以保护。

这是一座什么宫殿的遗址呢？有热心研究山庄历史的老同志说，这应该是一处辽代的行宫遗址。因为在古代就有"避暑山庄建在辽代萧太后银銮殿遗址上"的传说。同时，辽代早期的宫殿都是坐西朝东。《辽史》里还有"迎谒于滦河、告功太祖行宫"的记载等等。

避暑山庄真的像传说中的那样，是建在萧太后银銮殿上的吗？

在翻阅了很多书之后，我们发现，在嘉庆年间以前，烟波致爽殿的西面有一个叫"西所"的地方。这个西所，和现在的"西所"不一样，它除了包括现在的"西所"外，还包括了一组规模不小的建筑群，有大殿五间、东西净房两间、中间的二殿七间、东西的净房两间、二殿两旁的东西配殿各五间、后面的书房四间、东西值房各三间。

这些建筑是做什么用的呢？原来它们曾经是康熙、乾隆皇帝的后寝书房。

可是后来这些建筑是什么时候毁掉的呢？

我们查了很多书，但是找不到时间。

在1982年的时候，避暑山庄博物馆在修排水沟时，又挖出了一个东配殿的墙基、柱础和砖石。当时，专家进行了科学的分析，根据它们的特点认定是清代的遗物。

到这里，我们已经知道这里不是辽代行宫的遗址了。它们是嘉庆年间以前的西所遗址。再说，辽代的行宫其实不用宫殿那样的石基，也不会有石柱墩。

所以，避暑山庄建在萧太后的银銮殿上，只是个美丽的传说。

知识链接 ✓

在2008年北京奥运会的开幕式上，鸟巢中心巨大的活字印刷板上显示出了万里长城，但是它却站立在万花丛中，鲜花的海洋取代了冰冷的砖石。正如这种精彩绝伦的表演所表达的深刻寓意，说明我们伟大的祖国必然具备包容天下的胸怀和开放进取的精神。

万园之园——圆明园

圆明园简介

圆明园在北京海淀区，和颐和园靠得很近。康熙四十六年（1709年）开始修建。整个园子由圆明园、长春园、万春园三园组成，所以又叫做园明三园。

圆明园的面积有3 466 660余平方米，150多处景点。它最初是康熙皇帝赐给皇四子胤禛（雍正皇帝）的花园。康熙四十六年（1707年）园子已经初具规模了。在同年的十一月，康熙皇帝曾亲临圆明园游赏。

雍正皇帝在1723年即位后，扩修原来的赐园，并且在园南增建了正大光明殿和勤正殿以及内阁、六部、军机处等地方。

乾隆皇帝在位60年，对圆明园年年增修，花了千万两银子。他除了对圆明园进行局部增建、改建之外，还新建了长春园，并入了绮春园。到乾隆三十五年（1770年），圆明三园的格局基本形成了。

在嘉庆年间，主要对绮春园进行了修建。

道光的时候，国事日衰，财力不足，但是他宁愿撤去万寿、香山、玉泉"三山"的陈设，罢除热河避暑和木兰狩猎，也没有放弃对圆明三园的改建和装饰。

在圆明园里，不仅汇集了江南名园的胜景，还移植了西方的园林建筑。可以说，圆明园是集古今中外造园艺术的精华！

园中有宏伟的宫殿，有玲珑的楼阁亭台，有象征热闹街市的"买卖街"，有象征农村景色的"山庄"，有仿照杭州西湖的平湖秋月、雷峰夕照，有仿照苏州狮子林的风景名胜，还有仿照古代诗人、画家的诗情画意建造的景点，如蓬莱瑶台、武陵春色等。可以说，圆明园是中国劳动人民智慧和血汗的结晶，也是中国人民建筑艺术和文化的典范。

不仅如此，圆明园内珍藏了无数无价之宝，还有极为罕见的历史典籍和文物，像古代的书画、金银珠宝、宋元的瓷器等。它是人类文化的宝库，也是一座巨大的博物馆。

　　圆明园是人工园林。它在平地建造山水和园林建筑，种植花草树木。在园内，用山丘、水面和亭台、曲廊、洲岛、桥堤等，把广阔的空间分割成了100多处风景群。

　　园里面的水面大约占了总面积的十分之四。这些水面都是人工挖掘的，是由河道串连成一个完整的水系。园内还有大大小小的土山250座，和水系相结合，水随山转，山因水活，构成了山复水转、层层叠叠的园林美景。整个园林就像是江南水乡一样，烟水迷离，"虽由人做，宛自天开"。

　　1860年10月，由于清政府的腐败，圆明园遭到了英法联军的洗劫与焚毁，成为中国近代史上的屈辱。

▲圆明园大水法遗址

尽管圆明园屡遭洗劫，但是园林的布局、山形地貌、殿阁遗址仍然清晰可辨。如果我们拿着一幅圆明园原来的地图，到这里游览一次，寻觅一处处珍贵的遗址，就会想起当年中华民族受的屈辱，一种爱国的热情就会涌上心头。

知识链接 ⊘

"圆明园"这个名字是怎么来的呢？

它是由康熙皇帝命名的。康熙亲自写的三字匾牌，就悬挂在圆明园殿的门楣上方。对这个园名，雍正皇帝有个解释，说"圆明"二字的含义是："圆而入神，君子之时中也；明而普照，达人之睿智也。"意思就是说，"圆"是指个人的品德很圆满；"明"是指政治很清明。这可以说是当皇帝的最高境界了。

另外，"圆明"是雍正皇帝从当阿哥时就一直使用的佛号。雍正皇帝信佛，他的号是"圆明居士"。他对佛法有很深的研究，写了《御选语录》19卷和《御制拣魔辨异录》。

在清初的佛教宗派中，雍正皇帝把自己归入禅门，并且用皇帝的身份对佛教施以影响，努力提倡"三教合一"和"禅净合一"。他是佛教发展史上非常重要的人物。

追忆圆明园美景

圆明园里有 "圆明园四十景"，它们是正大光明、勤政亲贤、九洲清晏、缕月开云、天然图画、碧桐书院、慈云普护、上下天光、杏花春馆、坦坦荡荡、茹古涵今、长春仙馆、万方安和、武陵春色、山高水长、月地云居、鸿慈永祜、汇芳书院、日天琳宇、澹泊宁静、映水兰香、水木明瑟、濂溪乐处、多稼如云、鱼跃鸢飞、北远山村、西峰秀色、四宜书屋、方壶胜境、澡身浴德、平湖秋月、蓬岛瑶台、接秀山房、别有洞天、夹境鸣琴、涵虚朗鉴、廓然大公、坐石临流、曲院风荷、洞天深处。除了这四十景之外，还有紫碧山房、藻园、若帆之阁、文渊阁等景观。当时悬挂匾额的主要园林建筑有600座，是皇家园林中最多的。

让我们一起去圆明园看一看吧！

从北京大学西门出去，走不多远就到了圆明园。进入了圆明园往前走，一会儿就到了"九孔大桥"的遗迹。当你看到干涸的河道上面的石墩，很容易就能想到以前的九孔大桥规模是多么壮观！

继续往前走，经过了"九州清晏"遗址，就来到了"三·一八"烈士公墓前。这座墓园大约占地100平方米，正中间是一个一米多高的石砌圆形台基，台基上竖着高9米的六面体大理石墓碑。碑身正南面刻着"三·一八烈士公墓"七个篆字。飞脊式碑顶上有高耸的塔尖。须弥座也是一个六面体。在底座上，从正南面开始，自右而左，刻着《三·一八烈士墓表》和烈士的姓名、年龄、籍贯、所在单位和职业等。

继续往前走，就到了圆明园的后湖景区。环绕着后湖有九个小岛，象征了"九州"。各个岛上都有小园或者风景群，既独立，又相借成景。

北岸的风景，很像登岳阳楼看洞庭湖一样，"垂虹驾湖，蜿蜒百尺，修栏夹翼，中为广亭。湖纹倒影，滉漾楣槛间，凌空俯瞰，一碧万顷"。

西岸的坦坦荡荡，就像是在杭州的玉泉观鱼。所以那里俗称金鱼池。

圆明园西部，房屋在湖中修建。这里的房屋冬暖夏凉，还能看到岸边美丽的景色。雍正皇帝喜欢在这里居住。

圆明园北部，用泰西（西泽）水法引水入室，转动风扇，"林瑟瑟，水泠泠，溪风群籁动，山鸟一声鸣"。乾隆皇帝喜欢在这里消暑。

再向北走，走不多远就是"武陵春色"的遗址。为什么叫做"武陵春色"呢？原来，古代有个诗人叫陶渊明，他写了一篇文章，在文章里描绘了一个叫桃花源的地方，那里非常美丽。桃花园就在武陵。这里就是按照桃花源修建的，所以叫"武陵春色"。虽然现在景色已一去不复返了，但是长长的河谷和幽深的山洞，仍能让人领略到这"世外桃源"的无限魅力。

走出"武陵春色"遗址，不远处就是曾经专门贮藏《四库全书》的"文渊阁"。它的原名叫做"四达亭"。它是乾隆南巡浙江后，回来仿照宁波的天一阁改建的。圆明园被践踏之后，这里也化为灰烬了。如今，只有刻着乾隆墨迹的太湖石默默地躺在乱石滩上，吸引着众多游客前来观赏。

这些游客不仅会被这里所吸引，还会被在文渊阁东面的舍卫城所震撼。舍卫城在水木明瑟的东面，是园中专门开辟的一座小城镇。它仿照古印度桥萨罗国首都的城池建造，是供奉各种佛像和收藏佛经的地方。整个城郭是长方形的，南北长、东西宽，四周有城墙，城墙有四个门。城内的街道是十字形，修建了殿宇、房舍一共326间。这些房屋用游廊连接。里面还修建了好几座牌楼。

城前专门建了一条贯穿南北的买卖街，称苏州街。它里面的商人都是由宫中太监扮演的。

再往东走，就是用一千多块太湖石堆成的小山。它是"廓然大公"的遗址。站在小山上，一片空阔的田野出现在面前。这里曾经是碧波荡漾的福海。蓬莱瑶台在福海的中央，一共有三个岛。这些岛的结构和布局，是根据古代画家李思训的"仙山楼阁"画设计的。它们有宫门三间，正殿七间，东面是畅襟楼，西面是神州三岛，东偏殿叫随安室，西偏殿是日日平安报好音。东南面还有一座桥，可以通往东岛。岛上有瀛海仙山小亭。西北面也有一个桥，可通北岛，岛上有三间宫殿。

穿过了福海，就是美丽的长春园了。长春园在圆明园的东侧，是在乾隆十年（1745年）前后修建的。这个地方原来是康熙大学士明珠的自怡园，有很好的园林基础。只修建了两年，这个园子中西路的景点就基本成型了。在乾隆十六年（1751年），这里正式设置了管园总领。稍后，又在西部增建了茜园，北部建成了西洋楼景区，并在乾隆三十一年（1766年）至三十七年（1772年）间，集中增建了东路的景点。一共占地0.70余平方千米，有20多处园中园和建筑景群，包括了仿苏州的狮子林、江宁（南京）的如园和杭州西湖的小有天园等园林胜景。

长春园的洋楼景区有666 660平方米大。大家都喜欢叫它"西洋楼"。它由谐奇趣、线法桥、万花阵、养雀笼、方外观、海晏堂、远瀛观、大水法、观水法、线法山和线法墙等十余个建筑和庭园组成。在乾隆十二年（1747年）就开始筹划建造，到了乾隆二十四年（1759年）基本建成。它由西方传教士郎世宁、蒋友仁、王致诚等设计指导，中国的匠师建造。

这么中西结合的建筑，是什么样子呢？

它的建筑形式是欧洲文艺复兴后期的"巴洛克"风格，造园形式是"勒诺特"风格。但是不要忘了，这可是中国的皇家园林，所以在造园和建筑装饰方面，也吸取了中国很多传统的手法。建筑材料一般都用汉白玉石，石面是精雕细刻的，屋顶上覆盖着琉璃瓦。

西洋楼的主体是人工喷泉，又叫做"水法"。它的特点是数量多、气势大、构思奇特。主要有谐奇趣、海晏堂和大水法三处大型的喷泉群。

西洋楼区在整个圆明园中占的面积很小，但是它是仿照欧洲建筑修造的，这在东西方园林的交流史上，占有重要地位。

这个景区不仅仅在中国有名，它还曾在欧洲引起过强烈反响呢！一位亲眼见过它的外国人说：凡是人们能幻想到的、宏伟而奇特的喷泉，应有尽有，其中最大的喷泉，可以和凡尔赛宫及圣克劳教堂的喷泉相比。这位外国人的结论是：圆明园是中国的凡尔赛宫。

看完了西洋楼，我们就走进长春园，去看看里面的主要景点吧！

淳化轩是长春园正中的主体建筑。在它建成的时候，正好是《重刻淳化阁帖》完成的时候。于是，就把刻板嵌在了它左右廊的廊壁上。这个建筑的名字就是这么来的。《重刻淳化阁帖》的刻板有144块，共10卷，汇集了历代九十九位名家的真迹。刻成后，又拓了四百部，赏赐给了皇室宗亲、大臣以及直隶、山东、浙江的行宫。淳化轩因此成为北京地区著名的碑林。

海岳开襟在水池中，台基是上下两层的圆形，汉白玉石围绕着它。台上有三层楼。下层是海岳开襟，题写了"青瑶屿"三个字。中间一层是得金阁，题写了"天心水面"四个字。最上层写的是"乘六龙"三个字。台的四面都有一座牌楼。在圆明园的所有楼阁中，这组建筑是最豪华的了。

大水法是西洋楼最壮观的喷泉。它的建筑造型是石龛式，就和门洞一样。在下边有一只大型的狮子头在喷水。喷出来的水可以形成七层水帘。前下方是个椭圆的菊花式喷水池，池中心有一只铜梅花鹿，鹿角往外可以喷八道水。两侧有十只铜狗，从口中喷出水柱，射到鹿的身上，溅起了层层的浪花。俗称"猎狗逐鹿"。

大水法的前方，左右各有一座巨大的喷水塔。这个塔是方形的，有十三层高。塔的顶端喷出水柱，四周有八十八根铜管儿，也都一齐喷水。

这么漂亮的景观，在哪里看比较合适呢？

当年，皇帝是坐在对面的观水法，来观赏这一组喷泉的。不仅仅皇帝，连英国的使臣马戛尔尼、荷兰的使臣得胜等，都曾在这里"瞻仰"过水法奇观。据说如果大水法的喷泉全部开放，就像山洪暴发一样，声音特别大。大到什么程度呢？在近处说话，竟然要打手势！

观水法是看喷泉的地方，它是什么样子的呢？

观水法在远瀛观的中轴线南端，主要建筑有安放皇帝宝座的台基。在台基后面立着高大的石雕围屏风，两边还有巴克鲁门。门的两侧各有一座巨型的水塔和接收喷水的水池。池旁边设置了各种兽类，它们按照半圆形放置，表示兽战和林中逐鹿等游戏。喷水的管口还安装了时钟。这个时钟很有意思，它是根据中国传统的计时方法来算的，用十二种动物的名字表示一天的十二个时辰，每隔一个时辰便有一个兽向池内喷水。

万花阵又叫黄花阵，是仿照欧洲的迷宫建的花园。它用四尺高的雕花砖墙，把整个花园分隔成很多道迷阵，所以又叫"万花阵"。虽然从入口到中心亭的直径距离不过30多米，但是在迷宫里很难走出来。到了中秋夜，皇帝就会坐在阵中心的圆亭里，让太监、宫女们拿着黄色彩绸扎成的莲花灯，从迷宫进去，先到亭子的就可领到皇帝的赏物。

当大家还沉浸在长春园的西洋楼里的时候，万春园又出现在了眼前。

万春园原来是怡亲王允祥的住宅，大约是在康熙末年开始建造的，后来曾赐给大学士傅恒。到乾隆三十五年（1770年），它正式归入圆明园，改名叫做绮春园。

▲圆明园黄花阵

那时侯，它的范围还不包括西北部。到了嘉庆四年和十六年，它的西部又先后并进来两处园林，一是成亲王永瑆的西爽村，一处是庄敬和硕公主的含晖园。经过大规模的修缮和改建、增建之后，它才有了后来的规模，成为圆明园的主要园林之一。

其中，正觉寺是圆明园中唯一幸存的古建筑，它位于万春园大宫门河池东侧，俗称喇嘛庙。寺是坐北朝南的，有三间山门。山门内东西两侧是钟楼和鼓楼。第一进殿有三间，叫做天王殿；再进去是三圣殿。三圣殿后面有个八角亭，因为里面的汉白玉石莲花法座上供奉着文殊菩萨神像，所以叫做文殊亭。亭后有个楼阁，叫做最上楼。从最上楼经过曲廊能到达北楼。

寺庙东面是别院，里面有十五间禅堂。清末的时候，它划归到了雍和宫的下院。民国时候，它成为清华大学教职员工宿舍。现在那里还有山门、东西配殿、文殊亭等二十多间房屋。

▲谐奇趣及方壶胜景

圆明园的沧桑历史

◆抢劫圆明园

1860年10月6日，英法联军入侵圆明园。当时，僧格林沁、瑞麟的部队在城北一带进行了一些抵抗之后，狼狈逃窜。法军在当天下午先到了海淀。傍晚，侵略军闯入了圆明园的大宫门。此时，在出入贤良门内，有二十多名圆明园的太监在抵抗，"遇难不恐，奋力直前"，但最后因为寡不敌众，"八品首领"任亮等人遇难。到晚上7点，法国侵略军攻占了圆明园。管园大臣文丰投福海自杀。

10月7日，英法侵华头目闯进圆明园，然后准备瓜分园内的宝物。法军司令孟托邦当天对法国外务大臣说："我会努力抢劫宝物，送给法国博物馆。"英国司令格兰特也立刻派军官抢劫宝物。英法侵略军入园的第二天就不再能抵抗物品的诱惑力了，军官和士兵们都成群结伙冲上前去抢劫园中的

▲抢劫圆明园

金银财宝和文化艺术珍品。

圆明园可抢的东西太多了。

据一个英国士兵说，在整个法军的帐篷满堆了各色的钟表。在士兵的帐篷周围，到处都是绸缎和刺绣品。一个名叫赫利思的英国二等带兵官，因为在圆明园里抢到了很多的宝贝，换来的钱用了一辈子。

后来有人回忆说，当时军官、士兵，英国人、法国人，为了抢夺财宝，从四面八方涌进圆明园。他们为了抢夺财宝，互相殴打，甚至发生过枪战。

这处秀丽的园林，已被毁坏得不成样子。

这摧残人类文化的滔天大罪，实在是不可饶恕！

◆火烧圆明园

正当清政府准备答应接受"议和"条件时，英国的头领额尔金、格兰特，为了给这次侵略行为留下一个严重的印象，竟然借口清政府逮捕公使和虐待战俘，悍然下令火烧圆明园。

10月18日、19日，三四千名英军在园内到处放火，大火烧了三天三夜，烟云笼罩了整个北京城。这座举世无双的园林被付之一炬。

事后，据有关人员查明，整个圆明三园只剩下了二三十座殿宇亭阁和庙宇、官门、值房等建筑。仅有的这些建筑还很破烂，室内的陈设、几案都被抢走了。同时，万寿山清漪园、香山静宜园和玉泉山静明园的部分建筑也遭到了焚毁。

圆明园陷入一片火海的时候，额尔金得意地宣称："这次将使中国和欧洲震惊。"放火的主使者竟然把这种行为看成了不起的业绩。而全世界的正直人们却被这次野蛮的罪行激怒了。

法国的著名作家雨果在1861年写道："有一天，两个强盗闯进了圆明园，一个洗劫，另一个放火。似乎得胜之后，便可以动手行窃了……两个胜利者，一个塞满了腰包，这是看得见的，另一个装满了箱箧。他们手挽着手，笑嘻嘻地回到了欧洲。将受到历史制裁的这两个强盗，一个叫法兰西，另一个叫英吉利。"这段话代表着千百万正直人的心声。

民国初期，换了很多军阀，他们都把圆明园当做建筑材料场。当时的历史档案记载："军人每天拉十几车园中的太湖石。"

实际上，拆卖的情况比档案中记载的要严重得多。徐世昌拆走圆明园里面鸣春园与镜春园的木材，王怀庆拆毁园中安佑宫大墙和西洋楼石料。从此，圆明园废墟中凡是能作建筑材料的东西，从地面的方砖、屋瓦、墙砖、石条，到地下的木钉、木桩、铜管道等全被搜罗干净。这些东西断断续续拉了20多年！

20多年后，圆明园里面的建筑、林木、砖石都已经没有了。宣统末年，当地的旗人已经在圆明园里盖房子住了。1940年以后，日本占领华北，北京的粮食紧张，于是政府奖励开荒。这个时候，农户开始到圆明园里平山填湖，开田种稻。

这个用了150多年盖好的园林，变得面目全非了。

◆ 遗址的保护与整修

新中国成立后，政府十分重视圆明园遗址的保护，先后把它列为公园用地和重点文物保护单位，征收了园内旱地，进行了大规模的植树绿化。

圆明园遗址公园的整修从六个方面进行：首先，对福海、绮春园两个景区进行了绿化、美化。其次，清理建筑遗址，界定遗址范围，立石碑雕刻原来的景色，供游人欣赏。第三，修复了几处景点，像绮春园的仙人承露台、碧宇和浩然亭，福海别有洞天的四方亭等。第四，修建了绮春园东半部的河岸和湖岸。第五，全面整理了西洋楼遗址的西半部，又清理了谐奇趣、蓄水楼、养雀宠、方外观、五竹亭、海晏堂等各座古建筑遗址，并且把大批的台基柱壁等石件归位。第六，从1992年12月起，全面整修长春园里的山形水系，到1994年4月竣工。

这次修建规模非常大，使圆明园的山形水系基本恢复了原貌，并且整理了海岳开襟、思永斋、流香诸、得全阁、鉴园、狮子林等多处园林遗址。挖掘复位了乾隆御题匾诗刻石31件。还种植了35 400余株（丛）树木，栽种了0.1平方千米的莲藕。

现在，圆明园整个东半部已经初步连片建成了遗址园林。如今的圆明园遗址公园，已经是山清水碧，林木葱茂，花草芬芳，景色诱人了。

它既富于遗址特色，又具备公园功能，是一处进行爱国主义教育和游玩的好去处。

圆明园的文物展示

◆华表

说到华表，人们自然会想到天安门前的两根华表。其实在圆明园也有华表，并且有四根。但是因为它们现在不在园中，所以人们一般不知道。

圆明园的西北角，有一组建筑叫做佑安宫。宫门内外原来各竖着一对华表，一共四根。华表是汉白玉做的，高8米，柱围有3.16厘米。柱身看上去是圆的，实际上是八棱的方形。上面雕刻着龙、祥云，下面雕刻着海水、江崖，还有花草点缀其间。柱基是八方须弥座，座高1.24厘米。它的外围有方形的汉白玉护栏。

据史料记载，1925年1月20日，燕京大学（现北京大学）在建学校的时候，被美国牧师翟伯盗运去三根华表，其中两根放在学校的主楼前面。后来，京师警察厅把佑安宫剩下的一根华表运到了城里，放在天安门南边。当年夏天，北京图书馆在北海西岸修建新馆的时候，把燕京大学多余的一根华表和放在天安门前的一根，都运到北京图书馆的主楼前面去了。

那么，圆明园里的华表和天安门前的华表有什么不同呢？

天安门前的华表，柱子上都是龙的图案，而圆明园的华表，不但有龙的图案，而且还有海水、江崖的图案。

圆明园华表雕刻着海水、江崖的图案，在它们的孔洞间，还有秀草。但是秀草的数量是不一样的。现在北京大学西门主楼前的华表，北面的一根孔洞间上下排列着四株秀草，其他七个方面没有秀草。南面的那根海水、江崖的孔洞间则是八个面都布满了秀草，一共32株。

现在北图主楼前的华表，东边一根海水、江崖的孔洞间是四株秀草，西面一根海水、江崖的孔洞间有32株秀草。

秀草是珊瑚、犀角、盘肠等八种吉祥物之一，它象征着高洁、吉祥。华表海水、江崖孔洞之中的秀草从4株增加到36株，从一方增加到八方，象征着高洁、吉祥的民族从地处一方向祖国的四面八方发展。

▲原来置于圆明园的华表

◆圆明园的基石——柏木丁

圆明园的柏木丁，在今天看来只不过是一根柏木桩子。它上圆下尖，在圆明园现存文物中不论是现实价值，还是文物价值，都是不值一提的。但可以毫不夸张地说："没有柏木丁，就没有圆明园。"

为什么这样说呢？

原来，圆明园是建在水很多且潮湿地带的。要想在这种环境中建园子，今天可能不是什么难事。可是，在当时的历史条件下，地基就不好打了。

参加圆明园建设的能工巧匠们，面对这种环境，用他们的聪明智慧，巧妙地解决了这一问题。

首先，他们把柏树去了皮，然后削尖，分成三个等级。根据建筑物的地理条件，分别使用不同级别的柏木丁。比方说，在水深泥厚处的桥、亭、榭、轩等临水建筑修建的时候，就用最长、最粗的。在陆地上修建大建筑时，用比较长、比较粗的。修建小建筑时，就用最细、最短的。

为了充分发挥柏木丁的作用，能工巧匠们又把柏木丁弄成一组一组的，像梅花瓣一样，排列在建筑的下面。"梅花桩，排成行，上面盖房万年长"的顺口溜一直传到今天。

像大水法、谐奇趣、方外观等大型的古建筑，能够过了几百年还树立在那里，功劳就是柏木丁的。

自从1860年圆明园被英法联军烧毁到今天，已经150年了，园里的木质文物早已经没有了。但是，由于柏木丁深埋在地下，所以躲过了劫难。现在我们还能看到遗址下面的柏木丁，它们不朽不烂，完好如初。

◆圆明园兽首铜像

圆明园兽首铜像，又叫做圆明园十二生肖铜兽首、圆明园十二生肖人身兽首铜像。

圆明园兽首铜像原来是圆明园海晏堂外喷泉的一部分，是清朝乾隆年间的红铜铸像。1860年英法联军侵略中国，火烧圆明园，兽首铜像开始流失海外。现在仅有少量收回了，因此，它们成为圆明园海外流失文物的象征。

▲圆明园兽首铜像

　　十二生肖铜像是欧洲人郎世宁主持设计，清朝工匠制作的。它们是展现中西方文化交融的艺术珍品，在国际上具有极高的艺术价值和鉴赏价值。

　　设计者充分考虑到了中国的民俗文化，用十二生肖的坐像取代了西方喷泉设计中常用的人体雕塑。生肖铜像身躯是石雕，它们穿着袍服。头部是写实的风格，铸工很精细。兽首上的褶皱和绒毛等细微之处，都清晰逼真。铸造兽首用的材料是当时朝廷精炼的红铜，外表色泽深沉、精光，几百年也不锈蚀，堪称一绝。

　　据考证，当年十二生肖铜像呈八字形排列，放在圆明园海晏堂前的一个水池两边，当时叫做"水力钟"。每天，十二生肖铜像会轮流喷水，分别代表全天不同的时分。正午时分时，十二铜像会一起喷水。

　　设计是不是非常巧妙呢？

一池三仙山——北海公园

北海公园简介

北海公园在北京市中心，城内景山的西侧，故宫的西北面。北海、中海和南海合称三海。北海公园的中心就是北海，面积大约0.71平方千米，水面占388 666.66平方米，陆地占320 000平方米。这里原来是辽、金、元的离宫，到了明、清，它成为帝王的御苑，是中国现存最古老、最完整、最具综合性和代表性的皇家园林之一。在1925年开放为公园。

北海公园里面有很漂亮的亭台和游廊。它里面最有意思的是"一池三仙山"（太液池、蓬莱、方丈、瀛洲）的布局。这种布局形式独特，有浓厚的幻想意境色彩。这里水面开阔，湖光塔影，苍松翠柏，花木芬芳，亭台楼阁，叠石岩洞，绚丽多姿，就像仙境一样。琼岛上还有67米高的藏式白塔，还有清代乾隆帝题写的燕京八景之一的琼岛春阴碑石。当然，里面少不了假山、邃洞等。在它的东北岸有画舫斋、濠濮间、镜清斋、天王殿、五龙亭、九龙壁等建筑。在它的南面是北海团城，城中有造型精巧的承光殿。

北海园林的开发很早，从辽代就开始了。辽太宗耶律德光在会同元年（938年）建都燕京后，就在城东北郊的"白莲潭"（即北海）建了"瑶屿行宫"，在岛顶建了"广寒殿"。

金灭辽后，把燕京改成了"中都"。金海陵王完颜亮天德二年（1150年）扩建"瑶屿行宫"，增建了"瑶光殿"。到了金大定三年至十九年（1163—1179年），金世宗仿照北宋汴梁（今河南开封）的艮岳园，建了琼华岛，并从"艮岳"运来了大量的太湖石砌成假山岩洞，在中都的东北郊把瑶屿（即北海）作为中心，修建了大宁离宫。

从那时起，北海就基本形成了今天的样子。当时把挖"金海"的土扩充成岛屿和环海的小山，岛叫做"琼华岛"，水叫做"西华潭"，并且还重修了"广寒殿"等建筑。

▼北海公园景观

1264年，元世祖忽必烈决定在旧中都城的东北郊选择新址，营建大都。至元元年到八年（1264—1271年），忽必烈三次扩建琼华岛，重建了广寒殿。广寒殿东西宽40米，进深20多米，高17米，殿广7间，是帝王朝会的地方。

在广寒殿里，放着"渎山大玉海"（今北海团城内的大玉瓮），并且建了"玉殿"放"五山珍玉榻"（今在台北）。除此之外，还建了一座玉制的假山。在殿顶上，悬挂着玉制的响铁。殿内另外还有两个小石笋，上面是龙头，喷吐着湖水。

从这些描述中，我们很容易想到当时广寒殿的宏伟浩大，构思巧妙，奢华无比。

至元八年，琼华岛改称"万寿山"（又称"万岁山"）。以琼华岛为中心，又在湖的东西两岸营建了宫殿，把北海建成了一个很有气派的皇家御园。

元朝灭亡后，就到了明朝。明朝在元朝的基础上，对北海又进行了扩充、修建，但基本上保持了元代北海的格局。等到明万历七年（1579年），"万岁山"600多岁的广寒殿坍毁了。从此，主景建筑没有了。

等到明朝覆灭，清军入关之后在北京建都。1651年，为了民族和睦，清顺治帝根据西藏喇嘛恼木汗的请求，在广寒殿的废址上建了藏式的白塔，在塔前建"白塔寺"（正觉殿为山门）。

因为岛上建起了喇嘛佛塔，山名也就改成"白塔山"了。

乾隆六年至三十六年（1741—1771年），对北海又进行了大规模的增建，前后连续施工了30年，建起了许多亭、台、殿、阁。乾隆因为"园林之乐，不能忘怀"，于是就把江南园林的精华、文人写意、山水园林引进了皇家宫苑，先后建成北海的静心斋、画舫斋、濠濮间等"园中之园"。

可惜的是，到了晚清时期，八国联军入侵北京，北海被严重破坏了。

新中国成立之后，对北海公园进行修建，增加了公共服务设施。1961年，北海公园被国务院公布为第一批全国重点文物保护单位。

畅游北海公园

北海公园的中心是琼岛，山顶上面耸立着白塔。南面的寺院建在山上，一直排列到山麓岸边的牌坊。亭阁楼榭在幽邃的山石之间忽隐忽现，穿插交错，富于变化。

北海公园的主要景点有三部分。南部主要景区是团城，中部主要景区是永安寺、白塔、悦心殿等。北部的重点是五龙亭、小西天、静心斋。

团城在北海公园南门的西侧，被称作是"北京城中之城"。

它在故宫、景山、中南海、北海之间，四周风光如画，苍松翠柏。这里美丽的建筑，构成了北京市内最优美的风景区。

承光殿在城台的中央，里面供奉着用整块玉雕琢成的白色玉佛像，有1.5米高，头顶和衣服上有红绿宝石。佛像的面容慈祥，洁白无瑕，光泽清润。

团城还有金代种的栝子松。这棵松树年龄可真的不小了！它已经有800多岁了，是北京最古老的树林。上面还有两棵几百岁的白皮松，一棵探海松。

▲ "北京城中之城"——团城

清高宗曾经封桧子松叫"遮阴侯"，白皮松叫"白袍将军"，探海松叫"探海侯"。这三树都非常苍翠，更加衬托团城的幽静环境。

从南门入园，踏上建于元初的永安桥，会看到"堆云"、"积翠"两座彩绘的牌坊。过了这两个牌坊，迎面就是全园的中心琼华岛了。琼华岛简称琼岛。岛上绿荫如盖，殿阁相连。

岛高32米，周长是913米。琼华，意思是华丽的美玉，把这个当做名字，表示该岛是用美玉建成的仙境宝岛。另外，据神话传说，琼华是琼树之花（华即花），生长在蓬莱仙岛上，人吃了可以长生不老。这种传说表示，这个岛是仿照瑶池仙境建筑的。

清初的时候，这个山顶上还有信炮台。这个台子周围有八旗军驻守，居高临下。

为什么要在这里放一个信炮台呢？原来，在这里能看到很远的地方，一旦有情况，就能立即发出信号了。

琼岛的对面是初建于清顺治八年（1651年）的白塔寺。在乾隆八年

▲北海公园琼华岛

（1743年）的时候，它改名成永安寺。

里面的主要建筑有法轮殿、正觉殿、普安殿、配殿、廊庑、钟鼓楼等。这些建筑从下到上，是按照山的走向来修建的。当年皇帝在游览完园林后，常来这个寺庙里烧香拜佛。正觉殿前，有四个亭子，分别叫做"涤霭"、"引胜"、"云依"、"意远"。它们对称、典雅、美观。

琼岛的西面原来是让皇帝游园时休息、议事或者举行宴会的悦心殿。在殿

知识链接 ⌄

白塔是在清顺治八年（1651年）建造的。这座藏式的喇嘛塔，有5.9米高。远远看上去，它就像一个宝瓶。在它的上部，是两层铜质伞盖，顶上是鎏金宝珠塔刹，下面有个折角式的须弥塔座。在塔内还收藏了喇嘛经文、衣钵和两颗舍利。塔前有座小巧精致的善因殿。

后有个庆霄楼，这座楼是乾隆皇帝陪着他的母后在冬季看冰上竞技的地方。在西北面是阅古楼。这座楼中存放法帖340件，题跋210多件，刻石495方。在它的内壁上，嵌存了摹刻故宫中的《三希堂法帖》，是清乾隆年间的原物，是珍贵的文物。

这一带还有琳光殿、延南熏亭和山腰中的"铜仙承露盘"。

琼岛的东北坡古木参天。这里可是很著名的一处景点，它就是被称为"燕京八景"之一的"琼岛春荫"。沿着乾隆帝御题的"琼岛春荫碑"旁的小路前行，我们就来到了"见春亭"和"看画廊"。到了这里，你会感觉到眼前的景色就像是一幅天然的山水画，美不胜收。在廊外是湖石堆砌的幽洞石室，变幻无穷。

欣赏完了这里，我们沿着湖边北面的山麓，就到了漪澜堂。这里原来是让帝后们垂钓、泛舟后休息、进膳的地方，现在已经成了仿膳饭庄。

漪澜堂向东是"濠濮间"和"画舫斋"两组建筑，它们布置精巧，环境幽静，构成了园中之园。清代的帝后、大臣们经常在濠濮间宴饮。

画舫斋是清代的皇家行宫，也是皇帝和著名画家作画的地方。在它的门外是检阅射箭的地方。南面是"春雨林塘"殿，东面是"镜香室"，西面是"观妙室"。

在西北面，有个建在水上的小院，叫做"小玲珑"。这个小院子和曲廊

相连接。从这里走到东北院的"主柯庭"前，我们又来到了一棵古树前。

这棵古树的年龄也不小了，它足足有800多岁呢！

再往北，是座方形的"蚕坛"。这里是清代后妃们祭祀蚕神的地方，也是北京的九坛之一。从蚕坛往西走，不用走多远，就到静心斋了。静心斋的面积有4 700平方米，原来是乾隆帝的书苑，所以又被叫做乾隆小花园。后来它成了皇子的书斋。

静心斋再往西，就来到了天王殿。它的正殿可是用楠木建的，非常坚固。这个大殿是翻译和印刷大藏经的地方。后面的琉璃阁是个没有梁柱的建筑，壁上嵌满了琉璃佛像，光彩夺目。

天王殿的西侧，有座著名的九龙壁，它是用424块七色琉璃砖砌成的。这个九龙壁建于清乾隆的二十一年（1756年），长25.86米，高6.65米，厚1.42米，是三座著名的九龙壁中最精美的一座。

沿着九龙壁南行，有座"铁影壁"，长3.56米，高1.89米，颜色和质地就像是铁做的一样。在它的两面都雕刻着云纹与怪兽，是元代的浮雕艺术珍品。

铁影壁的北面，有三个院子。主建筑曾经用来让乾隆帝更衣和休息。

在清朝乾隆四十四年（1779年），为了保护王羲之的《快雪时晴帖》，又在这里增加了一个院落，叫做"快雪堂"。

在这些院子的西面，沿着湖有五座亭子，是在清朝顺治八年（1651年）建造的。

五个亭子主次分明，飞金走彩，远远看过去，它们就像五条龙在飞一样，所以人们把它们叫做"五龙亭"。这里是清代的帝后们赏月、钓鱼、观看焰火的地方。

在亭的西面，有一大片建筑群，总称"小西天"。其中的"万佛楼"与"极乐世界"是主体建筑。它们是乾隆帝特地为生母孝圣皇太后祝寿祈福修建的。

北海公园继承了中国历代的造园传统，既有北方园林的宏阔气势，也有江南私家园林的婉约风韵，并且还有帝王园林的富丽堂皇和宗教寺院的庄严肃穆，气象万千又浑然一体，是中国园林艺术的瑰宝。

北海的传奇故事

◆为什么建北海呢

这还得从一个古老的传说说起。

据说，在浩瀚的东海上有三座仙山，它们分别叫做蓬莱、瀛洲、方丈。在山上住着长生不死的神仙。

秦始皇统一中国之后，就派徐福去东海寻找不死药，但是最后没有找到。到了汉朝，汉武帝也做起了长生不死的梦，可仍然没有找到不死药。

那怎么办呢？汉武帝就下令在长安的北面挖了一个大水池，叫做"太液池"，池里面堆了三座假山，分别叫做蓬莱、瀛洲、方丈。自此以后，历代皇帝都喜欢仿效"一池三山"的形式来建造皇家宫苑。

北海采取的正是这种形式——北海象征"太液池"，"琼华岛"是蓬莱，原来在水中的"团城"和"犀山台"分别象征瀛洲和方丈。园中还有"吕公洞"、"仙人庵"、"铜仙承露盘"等许多求仙的遗迹。

◆北海湖中的"海眼"

过去，北京的民间有个传说，说是北海的湖中有"海眼"。"海眼"指的就是北海湖中琼岛上的一口古井。

这眼古井的历史有很长了，可以从元代算起，或许还要早一些。现在的古井是清乾隆十九年（1754年）重修的。它在琼岛的西坡水精域下面的石室中，井口在室中心偏北些。井台是四方形的，有一米高，用长条石砌成，井口的直径有1.3米，井壁使用砖砌成的。

从井口往下看，里面深不见底，长筒的手电照下去也看不见底。这里的井水随季节涨落，旱季时就像一枯井，而雨季时井水又有很多，从石室北山墙外的石龙口处流淌。

最早记载古井的史书是《元氏十三世祖记》。在文章中说："至元二十二年秋七月，选温石浴室瀛州（琼岛西坡上的一个亭子）西，汤池后有万丈井，深不可测。"当时这眼井有两个用途。第一个用途是为温石浴室提供水源。第二个用途是乾隆皇帝在《御制古井记》中提到的，说古井水通过水车，提升到琼岛山顶，再经过石刻龙口喷出，就成了琼岛上的一个水景。

虽然这口井在元代的时候就已经在史书中有了，但是到了明代，朝廷没有太在意这里，所以古井就逐渐荒废了。等到清代乾隆年间大修琼岛，才发现了这眼废井。乾隆皇帝命令修复这口井，恢复并且革新了元代的水景。

为了更好地观赏这里的水景，乾隆皇帝还专门在琼岛西、北面建造了水精域、亩鉴室和两个水池。然后，用暗沟把井水引到水池里，然后水从琼岛的北面流下，注入太液池。他还专门写了一篇《古井记》刻在了石头上。

如今，等到井水上涨之时，我们可以一边欣赏乾隆皇帝写的的《古井记》石刻，一边聆听着古井水潺潺的声音。别有一番情趣哦。

◆铁影壁的传奇故事

北海公园的铁影壁在北海北岸的澄观堂前面。它是元代建造的，是一块中性火成岩。在它的两面浅雕着云纹、界兽等，古朴雄健。因为它的颜色和质地像铁，所以称铁影壁。

这个"铁影壁"本来并不在这里，它是1946年从德胜门里果子市大街上挪过来的。更早的时候大约在五百年以前，它是在德胜门外的一座庙前面的。

为什么这样一座看似普通的"铁影壁"要挪来挪去呢？

▲北海公园铁影壁

中国人都知道自己是龙的传人，但是大家也都知道，现实中没有龙，龙的形象都是我们想象出来的。龙在我们的想象中，尤其是老北京所有有关"苦海幽州"的传说中，都是很可怕的。可是铁影壁故事里的龙，却是个好心的龙。

很早很早以前，苦海幽州有对夫妻龙，他们心地很善良，北京建筑城墙以后，他们就变做了一个老头和一个老婆，躲在一个地方，过起安闲的日子。他们看着北京建筑了城墙以后，西北风刮得太厉害，一刮就是三四天不停，刮一回风，就给北京城添了几寸厚的土，

老头看了很发愁，他很怕这么刮下去，北京城会叫土给埋了，就和老婆想，这里面肯定有原因。但是，他们一点办法也没有。

一天，一个老头骑着一头驴，正走到前门桥头上，忽然从西北刮来一阵大风，把他们刮上天了。这阵风吓得驴耳朵直起来了，老头也闭上眼睛了。一会儿，风不刮了，驴也落到地上了，老头睁开眼睛再看，已经到了崇文门外头，在天空飞了三四里地！

又有一天，西山"皇姑寺"里的一个小和尚，在庙前山坡上玩耍，一阵大风把小和尚吹上天去了，小和尚吓得抱住了脑袋、闭上了眼睛，心里突突地乱跳。不大一会儿，风不刮了，小和尚两脚落地了，睁开眼睛再看，到了北京城里头了，在天空里飞了三四十里地！

因为这风刮得真奇怪，夫妻俩决定要找到原因。

他们出了家门，往西北走去。走了很多地方，看见的都是平平常常的人，没有什么扎眼的奇怪人、奇怪事。夫妻俩继续往西北走，到了西北城角也是一无所获。于是，夫妻俩就顺着城角往东一拐，就瞧见了一件怪事。他们瞧见城墙根底下，坐着两个人：一个五十多岁的老婆婆和一个十五六岁的小孩子，两个人都穿着土黄色衣裳，头上、脸上和衣裳上都挂了一层尘土，难看极了。

再瞧他们手里都拿着一条土黄色口袋，老婆婆正往口袋装沙土，小娃娃正往口袋里装棉花，嘴里还说着话。离得远，听不清楚他们说什么，只听见这么一句："埋不上这个北京城才怪呢！"

▲北海公园五龙亭

　　夫妻俩听完后，立刻知道是怎么回事了：那老婆婆一定是刮风的风婆，那小娃娃一定是布云的云童，他们在这里商议怎么土埋北京城呢！风婆、云童这时候恰巧一抬头，瞧见有人来了，立刻站起来。

　　老头知道这是风婆和云童想逃走，赶紧一个箭步，跳在风婆的前面。这时候，老婆也跟上来了，拦住了云童。老头儿用手一指风婆，大声地说："你们为什么要埋北京城？"风婆冷笑了一声说："许他们建北京城，挡我们的风路，就不许我们埋他的北京城！"

　　老头儿哈哈大笑了一阵，说："就凭你这老婆子，也敢造这么大孽，趁早留下你那盛土的破口袋。"

　　说着，又一指云童："你那盛烂棉花的口袋，也得给我留下，小孩子不学好！"

　　还没等风婆说话，云童早急了，他一面把口袋往外一倒，咕嘟嘟往外冒黑云，一面喊："婆婆您还不放风、放土！"这时，老头儿、老婆儿，同时张嘴一吸，滋溜溜一朵朵黑云，立刻都吸到老头儿、老婆儿肚子里去了。

　　正当黑云被吸尽的时候，风婆的沙土，也滚滚地飞过来了，呛得老头儿、老婆儿直打喷嚏。这喷嚏打得真好，正好打出四股清水来，直奔风婆和云童。风婆一看不妙，拉上云童，飞身就上了天，老头儿、老婆儿就变成了两条大龙，往北追赶风婆、云童去了。

　　从这时候起，北京城风少了，沙土也少了，人们都说是龙公、龙婆把风婆婆和云童追跑了。人们说，咱们铸一个铁影壁，两面都各自铸一条龙，风婆婆和云童就不敢来了。于是呢，就有了一座好看的铁影壁。

　　不知道又过了多少年，北面的城墙拆了，城墙往南挪了，原来北京城的北面又成了旷野荒郊，北京城里又多了风、多了沙土。住在北京城里的人，又愁起来，只是想不出道理。有老大爷说："这准是铁影壁离城远了，龙公、龙婆管不了风婆婆和布云童儿了。"

　　这时候，出来一个聪明人，出了一个好主意，说把铁影壁搬到城里面来。大伙儿听这位聪明人的主意，就把铁影壁搬到德胜门里果子市一座庙前头了。后来这条街巷也叫了铁影壁胡同，这座庙叫"护国德胜庵"。

能洗温泉的园林——华清池

华清池简介

知道杨贵妃的，都知道华清池。

华清池被称作"千古第一帝王汤浴"，是我国最古老的皇家园林之一。

华清池在西安东约30千米的临潼骊山脚下，是中国著名的温泉胜地。这里的温泉水长流不停。历史上记载，这里的温泉大约3 000年前在西周时期就有了。汉代曾在这里建造帝王贵族的别墅。到了唐代，又建了富丽堂皇的"华清宫"。"华清池"这个名字就是从"华清宫"来的。

华清池的历史算是这些园林里最长的了。

周、秦、汉、隋、唐等历代帝王都在这里修建过园林。到了冬天，这里的温泉喷出的水会有水汽，在寒冷的空气中，就会凝结成无数个美丽的霜蝶，所以这里的宫殿叫做飞霜殿。相传西周的周幽王曾经在这里建宫殿。到了秦、汉、隋各代先后重新修建，到了唐代又数次增建。

当时的皇帝和妃子都非常喜欢这里，皇帝每年十月就会带着妃子到这里，到了过年的时候才回去。唐天宝六年（747年）华清池扩建后，唐玄宗每年都会带着杨贵妃到这里过冬沐浴，欣赏美景。据记载，唐玄宗从开元二年（714年）到天宝十四年（755年）的41年时间里，到这里来了36次。飞霜殿原来是唐玄宗（685—762年）和杨贵妃的卧室。白居易《长恨歌》就写道："春寒赐浴华清池，温泉水滑洗凝脂。"

像很多园林一样，华清池在历史上也是毁坏过很多次。现在所有的建筑都是在1959年重建的。

那么，华清池的温泉到底有什么吸引人的地方呢？

华清池温泉一共有4处泉源，它们都在一个山洞里。现在如果我们去洗温泉，会看到

知识链接 ⊙

当时的园林还不叫华清池，叫汤泉宫，后来又改名叫温泉宫。到了唐玄宗的时候，又大兴土木，建造宫殿，挖掘温泉池。这个时候，才叫做华清宫。因为宫在温泉上面，所以也称华清池。

在那里有一个圆形的水池，半径大约1米，水很清澈，脚下的暗道因为有泉水流动，所以会潺潺有声。温泉的出水量每小时能达到112吨。这里的温泉水无色透明，水温常年稳定在43度左右。

这里的四处水源眼发现的时间是不一样的。其中的一处早在西周公元前11世纪—前771年时就发现了，其余的三处都是新中国成立后才开发的。温泉水里含有多种的矿物质和有机物质，像石灰、碳酸钠、二氧化硅、三氧化二铝、氧化钠、硫黄、硫酸钠等。正是因为这样，所以温泉水不仅适于洗澡淋浴，同时对治疗关节炎、皮肤病等都有一定的帮助。现在的浴池建筑面积大约有3 000平方米，各类浴池100多间，一次可以让400人洗浴。

到了今天，华清池已经不是只有洗温泉这一个旅游项目了。在它的里面又新添了中外书法碑林、梨园和其他的艺术展馆。渐渐地形成了集旅游、文物、园林、沐浴、娱乐、餐饮为一体的综合性文物游览场所。

可以说，这里是北方皇家园林的典范。

▲华清池

洗温泉，观美景

今天的华清池由三部分组成：东部是沐浴的地方，设有尚食汤、少阳汤、长汤、冲浪浴等高档保健沐浴场所，西部是园林游览区，主体的建筑是飞霜殿，此外还有宜春殿。园林的南部是文物保护区，骊山温泉就在这里。

我们一起走进华清池，去看看这座有3000年历史的园林吧！

华清池的大门上方是郭沫若先生写的"华清池"匾额。进了大门，会看到两株高大的雪松。再往两边望去，有两座宫殿一样的浴池左右对称分布。从这里再往后走，就到了新浴池。由新浴池往右走，穿过龙墙，就是九龙湖。湖面平如明镜，亭台倒影，垂柳拂岸。湖的东岸是宜春殿，北岸是飞霜殿、沉香殿，西岸是九曲回廊。由北向南，经过龙石舫，再经过晨旭亭、九龙桥、晚霞亭，便到了仿唐"贵妃池"的建筑群。

这组建筑群对于游客来说，具有很大的吸引力。你看，那个"莲花汤"

▲华清池贵妃池遗迹

就像石莲花，它是供皇帝沐浴的。这个"海棠汤"就像海棠，是供贵妃享用的。而那边那个"尚食汤"是供大臣们沐浴的地方。"星辰汤"浴池是露天的，沐浴的时候能看到天上的星辰，所以叫做"星辰汤"。在星辰汤的后面，就是温泉的古源。

出了贵妃池，我们继续往前走，就到了望湖楼。然后我们再走过荷花池，经过飞霞阁。传说飞霞阁是贵妃洗完澡之后晾干头发的地方。现在的九龙汤是唐玄宗洗浴的池名，贵妃池是杨贵妃沐浴的地方。

接着，我们就来到了五间亭。这个亭子可不是一个简单的亭子，中国历史上著名的"西安事变"就发生在这里。西安事变发生时，蒋介石曾经在这里居住过。骊山的半山腰上还有一座"兵谏亭"，高4米，宽2.5米，是水泥钢筋的结构，兵谏亭的匾额是用贵重的蓝田玉制成的。

走出望湖楼，向右我们沿着一条台阶往上走，一直往上爬，就到了苍翠葱绿、美如锦绣的骊山了。经过近年来的考古发掘，专家们在唐代华清宫保

▲华清池五间厅

护范围内发现了唐代的梨园遗址，还清理出了"莲花汤"（御汤）、"海棠汤"（贵妃池）等五处皇家汤池遗址和大量的建筑材料。同时，在汉唐文化层下发现了新石器时代的夹砂泥质陶片，为研究华清池的历史提供了珍贵的资料。

说了这么多，接下去就去参观一下华清池的著名景点吧。

先去唐代御汤遗址看一看。

唐代的御汤遗址是在1982年4月发现的，经过三年多的发掘，在4 600平方米的范围内，清理出了唐玄宗与杨贵妃沐浴的"莲花汤"、"海棠汤"、唐太宗沐浴的"星辰汤"以及"太子汤"、"尚食汤"等五处皇家汤池遗址，同时出土的还有三彩脊兽、莲花纹砖和新石器、秦、汉等时期的文物3 000余件。御汤遗址的发现可不是一件小事情，它是我国隋唐考古的一个重大成果。这项重大成果为研究我国沐浴史、封建等级制度和唐代宫廷建筑提供了珍贵的资料。

离开了唐代御汤遗址，再去看看梨园。

唐代的音乐舞蹈是我国古代歌舞艺术的鼎盛阶段。那个时候国力强盛，经济繁荣，还有外国的音乐文化传入，再加上皇帝非常喜爱音乐舞蹈，所以那个时候音乐舞蹈发展得很快。当时的华清宫的梨园里有大批的乐舞艺人，他们百花斗妍，呈现出了多姿多彩的繁盛局面。

在那个时候，唐玄宗和杨贵妃在华清宫内演绎了一段千年传诵的爱情故事。这座古老的皇家园林，是他们爱情的见证。

唐玄宗本人喜欢音乐，"尤知音律"，杨贵妃更是"弹唱娴熟"。他们在一起创作了许多妙曲歌舞，著名的有《霓裳羽衣舞》、《得宝子》、《凌波曲》等等。

唐玄宗还创办了第一所皇家的音乐学校——梨园。梨园是当时音乐、舞蹈、戏剧活动的中心。在梨园里，把教习和演奏法曲当做重点，并且结合了很多音乐名师和舞蹈家的教学。正是因为这样，所以梨园被尊称为中国戏曲艺术的鼻祖。

华清池的故事

◆华清池的传奇来历

相传在两千多年前的时候，这里突然出现了严重的大旱，河水干涸，庄稼枯萎，田地里旱得都快要冒起烟来了。农民心里都很着急。

有一天，一个农夫来到骊山脚下，却意外地在这里发现有一棵草长得很好。他心里捉摸，这棵草必定是有点来头的。

原来它叫"吉祥草"，生长在天宫的瑶池旁边。神女们采仙草的时候，一不小心，这棵草掉了下来，飘落到这里，就扎根生长起来。于是，他就用随身带着的镢头开始挖掘。可谁知道这棵草的根却越挖越长，农夫也就不停地挖。

知识链接 ✓

西安事变是中国20世纪具有重大意义的历史事件。

在国家、民族危难的紧要关头，蒋介石不但不抗日，反而蓄意挑起内战。为了民族的利益，国民党将领张学良、杨虎城决定在1936年12月12日在西安发动兵变，要求蒋介石停止内战，联共抗日。

1936年11月，蒋介石调集了三十万军队去围剿红军。12月4日，蒋介石带着一些官员到了西安，向张学良、杨虎城施加压力，向他们发出最后命令，要求他们要么在西北打击共产党，要么把东北军、十七路军调往福建和安徽。张学良、杨虎城不接受这个方案，要求蒋介石去抗日。但是蒋介石不听，反而严厉训斥，这样就把张学良、杨虎城逼上了绝境。

于是，张学良、杨虎城下定决心，要采取非常手段，发动兵变。

12月12日凌晨，张学良、杨虎城带领军队闯入了蒋介石在临潼华清池住宿的地方，扣押了蒋介石。然后他们通告全国，提出改革南京政府、停止内战、立即释放爱国民主人士、释放全国政治犯、召开救国会议等八项主张。这就是震惊中外的"西安事变"。

经过中国共产党和张学良、杨虎城两位将军的协商，以及其他民主人士的共同努力，西安事变最后和平解决。西安事变解决后，10年内战基本结束。这次事件促成了国共的合作，也促成了全面的抗日战争。

张学良、杨虎城两位将军因他们的爱国行为，被称赞为"有大功于抗战事业"的中华民族的"千古功臣"。

　　这时，有一个神女踏着彩云正好追赶到了骊山的山坡上。她看见这位农夫这样使劲儿地挖仙草，不由笑出来了。农夫听见笑声，抬头一看，见是一位素不相识的姑娘，不由得心里一惊。就在这一转眼的工夫，挖下的坑里溢满了水。农夫一不留神，失足掉到了水中。他在水里不停地挣扎。神女看见了，急忙解下腰里的彩带，向农夫抛去，才把他救上来。农夫十分感激姑娘的好意，连连致谢。

▲神女亭内的"温泉玉女"

　　可是这位姑娘却指着坑里的水说："不要谢我，你先看这清清的泉水，不是可以灌田吗？"

　　农夫一听，心里高兴极了。这位神女就帮着农夫提水浇禾，引水灌田。经过一番辛勤努力，过了没有多长时间，将要枯萎的庄稼又重新长出了新的枝叶，长势也越来越喜人。大家都高兴地看着，盼着，今年可以有个大丰收了。

　　可是有一天，突然来了一大队人马，把田地里的庄稼全踏光了。农夫们看见这个情景，都暗暗伤心，掩面哭泣。

　　这些人是什么人

呢？原来这是秦始皇领了大队人马，浩浩荡荡地到骊山来巡游。

神女非常生气，便走上前去拦住人马的去路，要找皇帝说理。侍卫们见这个民女有些来头，就领着她来到秦始皇的御驾前。秦始皇走下辇车，威风凛凛。神女一见便没有好气地质问道："你是当今圣上，可知道民以食为天？你却如此不珍惜民田，怎么能叫仁君呢？"

可谁知道秦始皇看见这个漂亮的民女，就起了坏心思，神女说的话一点也没有听进去，只是看着民女手里提着的水罐，故意问了一句："民女，罐中有水吗？"神女答了一声："有。"就揭去罐盖，把罐子递了过去。可秦始皇并没有去接罐，却趁势拉住了神女的手腕。

这一下，神女就发怒了，一掌打了过去，并且狠狠地向他脸上唾了一口口水。秦始皇怎么受得了，便疯狂地喊："拿人！拿人！"可是这位神女一点也不慌张，转身扬长而去。

秦始皇因为受了这样一场奚落，也无心巡游了，直接回了宫。他下令捉拿民女，捉住之后再作发落。

谁知道过了不久，去的人回报说："民女上了骊山，怎么也找不到。"

秦始皇也没有了办法。可是从此以后，秦始皇的脸上却长起了毒疮，这些毒疮慢慢地溃烂起来，越来越厉害。他的脸变得又难看又可怕，痛苦难忍，昼夜不安，想尽了各种办法治疗，都没有效果。

后来，在晚上睡觉的时候，他刚一合眼，就看见民女怒容满面地向他打来，不由得就是一阵惊叫，使得宫里上下的人也都慌了手脚。时间一长，他悔恨自己不该在民女面前无礼，便起了赔礼的念头。

有一天，他在朦胧之中，见到有一位须发皆白的老人来到他的床前，向他说道："你以前在民女面前无礼，必须亲自前去谢罪，才能消灾免祸！"说着便不见了。

他醒来后，不断回想着梦中老人的指点。他想起上次巡游，因为践踏民田，惹得民女阻驾，才招来了这样一场灾祸，这次要去谢罪，就要作出一些事情来补偿，也好在民女面前表示知错悔改的念头。

于是，他便传出了一道道旨意，开河引流，修桥筑路，做了一连串利民的事，特别下令要以农为本，爱护庄田。

这些事情办妥以后，他准备好礼物，带领人马，又去了骊山。这一回可真是纪律严明。可是，到哪里去找寻民女呢？

正在为难的时候，前边来报说，前次的那个民女又出现在路口。秦始皇一听，心里高兴，急忙赶到前面去。只见民女仍然是和上次一样的打扮，手里仍然提着水罐站在那里。没等民女向前，他就急急地走下车来，头也不敢抬，上前行着大礼说："我上次有不礼貌的地方，今天特地来赔礼请罪，请求你的原谅。"

民女一见，急忙上前说："你现在为人民做了这么多好事，又知错能改，是贤明的皇帝，行此大礼，我怎么当得起呢。"

秦始皇这时候才抬起头来。神女一看，不由吃惊地问："皇上的脸怎么成了这样？"秦始皇不好意思地说："都因为上次无礼，才弄得成了这样，希望您能治愈。"神女说："山里有泉水，怎么不去洗洗呢？"

秦始皇听说山泉能够治疗他的毒疮，心里半信半疑，便跟着民女来到骊山下的水坑旁。民女示意他到水坑里去洗一下，秦始皇蹲下身来，双手刚一伸进水中，谁知这水却是刺骨的寒冷，只冷得他浑身打战，出了一身冷汗。他急忙把手缩了回来。

这时候神女在旁边揭开了手里的罐盖，把罐里的水往水坑里倒了下去。说也奇怪，这水坑里的水就沸腾了起来，腾起了阵阵热气。秦始皇这时候便趁热洗了起来，越洗越觉得舒服。洗着洗着，他脸上的疮，便一块一块地脱落下来，最后竟脱下一个硬壳。

秦始皇的心里可高兴了，他抬起头来，正要向民女致谢，却只见飘过几朵彩云，好像罩起了一层薄纱，看不清民女的真容了。在薄雾中只隐隐地看到她脚蹬彩云飘然而去。

这时候，秦始皇才知道这个民女原来是一位神女。于是他便吩咐左右摆了礼品，向着骊山行了大礼，然后才回宫。

从此这个泉就变成一个温泉。因为这个温泉是出于神女的点化，所以人们都把它称为"神女泉"。又因为传说这个泉水曾经洗好过秦始皇的毒疮，所以，直到如今在骊山附近的农村还流传着一种习惯，认为这个泉水能够洗治百病。一些有皮肤和筋骨病的人，都愿意到这里来洗治，据说效果很好呢。

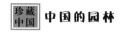

金陵第一园——瞻园

瞻园简介

瞻园在南京城南的瞻园路。

为什么叫瞻园呢？它的名字来自于欧阳修的诗"瞻望玉堂,如在天上"。

瞻园坐北朝南,纵深127米,东西宽123米,总面积达到了15 621平方米。瞻园也是南京仅存的一组保存完好的明代古典园林建筑群。它和无锡寄畅园、苏州拙政园与留园并称为"江南四大名园"。

瞻园是在明朝初年修建的,一开始是明代开国元勋中山王徐达府邸的西圃,经过徐氏三代人的修缮与扩建,到了万历年间已经初具规模。清朝顺治二年（1645年）这个园子成了江南行省左布政使署。等到乾隆帝巡视江南,曾经在这个园子里居住,并御题了"瞻园"匾额。

后来,太平天国定都南京。在太平天国的时候,瞻园先后为东王杨秀清府、夏官副丞相赖汉英衙署。清朝同治三年（1864年）,清军夺取天京,该园毁于战争。

到了同治四年（1865年）和光绪二十九年（1903年）,瞻园两度重修,但已经不是原来的景观了。在民国时,重修的园子里设置过江苏省长的公署。

瞻园历经侵削,范围缩小了很多,里面花木凋零,峰石徙散。在这样的情况下,虽然经过了几次重修,都不能恢复原来的样子了。

在1958年,南京市重修瞻园。一期工程是修建瞻园西部。用了六年,使用了1 800吨太湖石,使瞻园的面貌变得非常新。到了1985年,开始了二期工程,1987年竣工,共增加了园林面积近4 000平方米,修建了楼台亭阁13间,建筑面积有2 882平方米。

扩建后的瞻园,东西二园合一,它的山水布局既保留了明清的园林风格,又汲取了现代南北方造园的艺术精华,形成了兼容并蓄的特色。园内有乔灌木810株,竹类面积400平方米。在东瞻园里,有太平天国历史博物馆展区、水院、草坪区、古建区，西瞻园有西假山、南假山、北假山、静妙堂等景点。

现在瞻园已经成为南京夫子庙风景区一颗耀眼夺目的闪亮明珠！

下江南，游瞻园

瞻园分东西两个部分。大门在东半部，对面有个照壁，照壁前是一块太平天国起义的浮雕。大门上悬挂着一个大匾，上面写着："金陵第一园"，是赵朴初题写的。进门正中是一尊洪秀全半身的铜像，院中两边排列着当年太平天国用过的大炮20门。

进入大厅，上面是郭沫若题写的"太平天国历史陈列"匾额。这里的主要陈列文物，有天父上帝玉玺、天王皇袍、忠王金冠、大旗、宝剑、石槽等

▲金陵第一园

▲ 瞻园

300多件，总陈列面积大约1 200平方米。这是瞻园的东半部。

那园林的景色在哪里呢？

没错，在园子的西半部。

西半部的瞻园就是一座典型的江南园林了。园内的古建筑有一览阁、花篮厅、致爽轩、迎翠轩和曲折环绕的回廊。这些建筑和回廊把整个瞻园分成了5个小庭院和一个主园。

静妙堂是一个鸳鸯厅，它南北两面都临着池水，古色古香，典雅精美。明代时它叫"止鉴堂"，是徐达晚年消闲的地方。到了清代乾隆年间，这个大厅改成了"绿野堂"。袁枚有诗说："暂领中山府，权开绿野堂。风花争舞蹈，竹木尽轩昂。"

等到清代李宗羲重修瞻园后，把它改名叫做"静妙堂"，意思是"静坐观众妙，得此壮胜迹"。我们坐在这里，眼前是一幅美丽的画：南假山花木葱茏，瀑布飞泻；池水碧波粼粼，红鱼遨游。这里不愧是瞻园观景最好的地方了。

▲虎字碑

一览阁是二层楼阁，也是瞻园的最高建筑。登临楼阁，俯瞰园中的景致，湖光山色一览无余，尽收眼底。何宾笙写诗说："远笼钟阜近吞江，一览楼中景入窗。此是秣陵名胜地，许多王气酒能降。"袁枚写诗称赞一览阁"妙绝瞻园景，平章颇费心。一楼春雨足，三寸落花深。"

回廊横贯瞻园的南北，蜿蜒曲折，欲断又连；曲径通幽，似塞又通。回廊中的叠落廊忽上忽下，起伏跌宕，一步一景，美不胜收。古人写诗说："迎銮重起阁，避雨更添廊。"它们和园中的楼台亭阁组成了错落有致的古建筑群，成为瞻园一大景观。

经过多年的修建，瞻园的美景又一一呈现在世人的面前，上面具体介绍的只是其中的三处。但是里面可不止这三处！

瞻园还蕴藏着几百年来深厚的文化内涵和历史典故。我们下面就去看一看被称作"百年古碑，天下第一"的虎字碑吧。

这块碑是王府中珍藏的镇宅之宝。它宽约两尺，高1.5米。碑上的虎字是一笔写成的。字是虎，字的形状也像一头猛虎。除此之外，这虎字里还暗藏玄机。看下面的图，你能看出来吗？

其实，在这个虎字里藏着四个字：富甲天下。

你可能会问了，怎么能一笔写完一个"虎"字呢？

原来，中国的书法历史源远流长，其中有好多一笔挥就的作品。王羲之当年就一笔写成一个"鹅"字。

如果我们仔细来看这个"虎"字，就会感觉到它雄视生威，虎头、虎嘴、虎身、虎背、虎尾，清晰可辨，仿佛仰天长啸，人称"天下第一虎"。

有民间传说：摸摸瞻园的虎头，吃穿不愁；摸摸虎嘴，驱邪避鬼；摸摸虎身，步步高升；摸摸虎背，荣华富贵；摸摸虎尾，十全十美。虎的谐音是"福"，是威武镇邪的灵物。这块碑的下端落款是"劻道人"三个字。

瞻园的魅力风光还吸引了走遍名山大川的乾隆皇帝，他还借用"瞻望玉堂，如在天上"的诗句御赐了园名，并且在北京的长春园仿照瞻园建了一座"如园"。

瞻园的假山也很著名。整个瞻园面积是八亩，假山就占去了3.7亩。园内奇峰叠嶂，深院回廊，小桥流水，鸟语花香，是南京独具风格的一处景区，绝对是"金陵第一园"！

瞻园历史名人——徐达的故事

徐达是朱元璋打天下的功臣之一。但是俗话说：可以共苦，难以同甘。这在帝王的身上表现得非常突出。明太祖朱元璋很戒备那些帮助自己的功臣。有一天，朱元璋召见徐达下棋，而且要求徐达拿出真本领来下棋。徐达只好硬着头皮与皇帝下棋。这盘棋从早晨一直下到中午都没有胜负。正当朱元璋连吃徐达两个子时，徐达却不再下了。

▲徐达

朱元璋得意地问："将军为何不下了？"

徐达"扑通"一声跪倒在地，说："请皇上细看全局。"

朱元璋仔细一看，才发现棋盘上的棋子已经被徐达摆成了"万岁"二字。朱元璋一高兴，便把下棋的楼连同莫愁湖花园一起赐给了徐达，那座楼便是后来的胜棋楼。

虽然说朱元璋把花园赐给了徐达，但是徐达却高兴不起来，因为皇帝对他的猜忌越来越强烈了。

一天，另一个大将常遇春在出征之前来看望徐达。朋友来访，徐达自然高兴，不禁想起了往日的战争生涯。再想想现在，虽然做了丞相，但是一点也不自在。徐达非常感慨，便用花鼓戏的调子即兴唱起了歌谣。

这歌谣中的歌词是徐达根据莫愁湖畔的三种花（当时莫愁湖花园中主要种有茉莉花、金银花和玫瑰花）现场编写的。

歌词是这样的：好一朵茉莉花，好一朵茉莉花，满园花草也香不过它，奴有心采一朵戴，又怕来年不发芽；好一朵金银花，好一朵金银花，金银花开好比钩儿芽，奴有心采一朵戴，看花的人儿要将奴骂；好一朵玫瑰花，好一朵玫瑰花，玫瑰花开碗呀碗口大，奴有心采一朵戴，又怕刺儿把手扎。

这首歌后来传唱的很普遍。其实，除此之外，这首歌词还有一个深刻含义，它反映了徐达当年复杂的心情。在歌词中所提到的三种花，分别代表了名、利、权。茉莉音molì，根据谐音读"没利"，意思是说要看轻名；金银花指金银财宝，但在开花时花上却带着一个钩儿，如果你要取金银财宝就要付出代价，意思是要淡薄利；而玫瑰象征了富贵，如果你要想拥有富贵，也要受到惩罚。

名、利、权虽然都是好东西，可我"有心来采"，但却会受到"看花人骂"。这里的"我"是指徐达，而"看花人"就是皇帝朱元璋。就这样，《茉莉花》开始在当时的南京广泛传唱。

徐达最后是怎么死的呢？

关于这位历史名将的死有两种说法。

相传朱元璋当年怕徐达威胁朝廷，就赐他一大碗烧鹅吃。徐达因为对烧鹅敏感，所以平日不吃烧鹅。但皇帝所赐又不能不吃。于是他把朱元璋赐的烧鹅全都吃完，然后全身溃烂而死了。

另一个说法是徐达生了瘤，不能吃鹅，朱元璋偏偏赐给他烧鹅吃。徐达知道朱元璋的意思就是赐死，但是在他吃完了烧鹅之后还没有死，于是自己又喝了毒药自尽了。

知识链接 ⊙

徐达（1332—1385年），是明朝的开国将领。他是明朝最优秀的将领，平民出身，却是一个军事天才。他从小兵做起，跟随朱元璋出生入死，在残酷的战争中成长为元末明初最优秀的将领。他为人宽厚，深通兵法，战必胜，攻必取。

四

中国著名私家园林

中国园林之母——拙政园

拙政园简介

我们说著名的私家园林，一定要从拙政园开始说起。

拙政园位于苏州市东北街178号，它一开始是唐代诗人陆龟蒙的住宅，到了元朝的时候，成了政府机构，叫做大弘（宏）寺。明正德四年（1509年），明代弘治进士、明嘉靖年间御史王献臣，因为做官做得很不得意，于是归隐苏州，把这个地方买下了。后来他聘著名画家、吴门画派的代表人物文征明参与设计蓝图，用了16年才建好。

这么辛苦建造起来的园林，叫它什么好呢？

王献臣是个读书人，他想在这里过简单的生活，于是，他就借用西晋文人潘岳《闲居赋》中"筑室种树，逍遥自得……灌园鬻（音yù）蔬，以供朝夕之膳（馈）……此亦拙者之为政也"之句取园名。暗喻自己把浇园种菜作为自己（拙者）的"政"事。

可惜的是，这个园子建成不久，王献臣就去世了。去世之后这个园子就成了他儿子的。可惜他儿子喜欢赌博，在一次豪赌中，把整个园子输给了姓徐的一个人。

拙政园在400多年的历史中，不仅换了很多主人，而且还一分为三。分成三个园子之后，取的名字也不一样。它们有的是私园，有的是官府，有的是民居。

拙政园有52 000平方米，分为东、中、西和住宅四个部分。住宅部分是典型的苏州民居，现在是园林博物馆的展厅。

大家可能听说过，在清朝的末年，有一次大的农民起义，叫做太平天国。清朝咸丰九年（1850年），拙政园成为太平天国忠王府的花园。忠王重建了拙政园。我们现在看到的就是重建后的拙政园了。

知识链接 ⊽

拙政园被称为"天下园林之母"，与承德避暑山庄、留园、北京颐和园齐名。该园是全国重点文物保护单位、全国特殊游览参观点之一、世界文化遗产。迄今为止同时具备这三项桂冠的，全国仅拙政园一家！

在走进拙政园之前，我们先来大体了解一下这个漂亮的园子吧。

拙政园的布局疏密自然。因为它建在苏州，所以它的特点是以水为主，水面广阔，景色平淡天真、疏朗自然。

它以池水为中心，楼阁轩榭都建在池的周围。在这些楼阁间，有漏窗、回廊把它们联系起来。园内的山石、古木、绿竹、花卉，成了一幅幽远宁静的画面，代表了明代园林建筑风格。我们以前可能见过那些美丽的山水画，这里有那种风味！在拙政园里，有湖、池、涧等不同的景区，在这些景区里

▲拙政园

游玩的时候，你会想起风景诗、山水画的意境。并且因为它们是仿造的自然，所以大自然环境的实境也会再现在你的面前，富有诗情画意。

在拙政园里，池水闲适、旷远、雅逸和平静。在曲岸的湾头，来去无尽的流水，蜿蜒曲折、深容藏幽，引人入胜。平桥小径是它的脉络。长廊曲曲折折，一眼看不到尽头。岛屿山石在它左右，让貌若松散的园林建筑具有很大的神韵。整个园林建筑仿佛浮于水面。加上无数花木，这让整个花园在不同的季节里有了不同的艺术情趣。例如在春日里繁花丽日，夏日里清净绿

荫，秋日里红蓼芦塘，冬日里梅影雪月。在园子里处处生情，面面生诗，含蓄曲折，余味无尽，不愧为江南园林的典型代表！

走进中国园林之母

拙政园是我国古典园林的代表作。它是至今保留最完整、最典型的山水园林。我们刚才已经说过了，它以水池为中心，水面占了全园总面积的三分之一。现在的拙政园虽然是多次重建的，但是仍然保持着一开始的艺术风格。整个园子分为东、中、西三个部分。住宅区位于园南。

我们从园子的南端进入，经过门廊、前院，过了兰雪堂，就进入了园内。园子的东侧是个大草坪。往草坪西面看，会看到一堆土山，山上有木构亭。亭子的四周是潺潺的流水，水边是垂柳。在树的缝隙中间，有的时候还会有石矶、立峰、水榭、曲桥。西北的小土山上有一片树林，黑松、枫树、杨树都特别多。树林西面是秫香馆（茶室）。再往西有一道依墙的走廊。走廊上面是漏窗透景。这条走廊和主要的景区也是相连的，因为它旁边开了几个小门洞。

走进来后，让我们先到东园去看一看吧。

东园的面积大概有20 660平方米。它的主要部分是明朝王心一设计的"归园田居"。再细细地分，园子可以分成四个景区。在景区里有放眼亭、夹耳岗、啸月台、紫藤坞、杏花涧、竹香廊等名字好听的景观。中间是涵青池，池水北面是兰雪堂。兰雪堂是主要建筑，周围种植了很多的桂树、梅树、竹子。池塘的南面有缀云峰、联壁峰，在峰下有个小洞，叫做"小桃源"。如果进到洞里，就像进入世外桃源一样，非常美丽。在兰雪堂的西面，是高高低低的梧桐树。池塘的北部是紫罗山、漾荡池，东部是荷花池。荷花池可不小，它的面积有四五亩呢。中间是林香楼，登上楼去看，可以看到片片绿地。

前面这么美丽的景色，可都是从历史上流传下来的。有没有新建的呢？

当然有。比方说秫香馆、松林草坪、芙蓉榭、天泉亭等。拙政园的纪念品店也设在此处。哇！在这里买个纪念品，肯定特别漂亮。

看完了东面，再去中部看一看。

走进中间的园区，你肯定会惊叫："太美了！"没错，这里是全园的精华。它虽然和早期拙政园有了很多不同，但是以水为主，池中堆山，环池布置堂、榭、亭、轩，基本上和明代的格局是一样的。拙政园这么漂亮，历史上有很多画家画了图，我们可以对比一下这些图。从咸丰年间《拙政园图》、同治年间《拙政园图》和光绪年间《八旗奉直会馆图》中，我们可以看海棠春坞、听雨轩、玲珑馆、枇杷园和小飞虹、小沧浪、听松风处、香洲、玉兰堂等景观和现在的景观是一样的。这样我们就知道，拙政园中间这部分美丽的景色在清朝就形成了。

中间的面积大约是12 330平方米，水面占了三分之一。水面有分有聚。围绕着水面，有形体不同，位置多变的楼台。主厅远香堂原来是园主招待客人的地方，它四面都是窗子，从窗子里就能观赏整个园景。厅的北面是临池平台。隔着池水你可以欣赏到岛山和远处的亭榭。厅的南侧是小潭、曲桥和黄石假山。西侧是个曲廊，接着小沧浪廊桥和水院。东侧是枇杷园，园里有几个小院，轻巧可爱。枇杷园的四周是云墙和复廊，里面是枇杷、海棠、芭蕉、竹等花木。

为什么要重点看看远香堂呢？原来，远香堂既是中园的主体建筑，又是拙政园的主建筑，园林中各种各样的景观都是围绕这个建筑而展开的。

那我们走近仔细看看吧。

远香堂是一座四面厅，是清朝乾隆时候建造的。整个厅堂面朝着水面，横着有三间。厅堂的结构很精巧。它周围是落地玻璃窗，可以从里面看到周围景色。

走进这个厅堂，会发现堂里面的陈设非常精雅。抬头看，堂的正中间有一块匾额，上面写着"远香堂"三字。这三个字是"江南四大才子"之一文征明写的。堂的南面有小池和假山，还有一片竹林。堂的北面是宽阔的平台，旁边就是荷花池。夏天来临的时候，坐在厅堂里喝茶，闻着池塘里荷花的清香，看着周围的美景，该有多么幸福啊！

绕到堂的北面去看一看。

这里是拙政园的主景所在，池中有两座假山，东面一座，西面一座。西面的山上有雪香云蔚亭，亭子上面挂着一副对联，上面写着"蝉噪林愈静，鸟鸣山更幽"。亭的中央是元代倪云林（倪瓒，字元镇，号云林子，元末无锡人。工诗，善山水，为元代四大画家之一）写的"山花野鸟之间"的题额。东面的山上也有一座亭子，叫做待霜亭。

这两座山可不是孤立的，它们都有溪桥相连接。在山上到处都是花草树木，非常茂盛。

再去远香堂的东面观赏一下吧。那里有一座小山，小山上有"绿绮亭"，还有"枇杷园"、"玲珑馆"、"嘉实亭"、"听雨轩"、"梧竹幽居"等众多景点。从梧竹幽居向西远望，还能看到园子外面高高的北寺塔。水池的中央建有荷风四面亭，亭的西面有一座曲桥通向柳荫路。在这里转向北方可以看见山楼。亭子的南部有一座小桥连接着倚玉轩。可不要小看这座小桥，它可是苏州园林里唯一的一座廊桥！桥的南面有小沧浪水阁，桥的北面是香洲。

接下去，我们再去看看西园吧。西园的面积大约是8 330平方米。它也不是原来的样子了。现在的它是张履谦接手的时候形成的。这座园子以池水为中心，有曲折的水面和中区的大池连接着。在园子里，有塔影亭、留听阁、

▲拙政园小飞虹

浮翠阁、笠亭、与谁同坐轩、宜两亭等景观。又新建了三十六鸳鸯馆和十八曼陀罗花馆。这新建的建筑也特别美，并且十分精致奢华。

这些建筑中最大的是鸳鸯厅，它还带着四个耳室。厅的里面用隔扇隔成了南北两个部分。南部叫做"十八曼陀罗花馆"，北部叫做"三十六鸳鸯馆"。

在这里，夏天你可以观看北池中可爱的水鸟、美丽的荷花，冬天就可以欣赏南院的假山、茶花。

池子的北面有个亭子，叫做扇面亭。还有个轩，叫做"与谁同坐轩"。它们造型小巧玲珑。东北是倒影楼，同东南角的宜两亭对称，合起来看非常有趣。

哇！逛了这么久，真是

▲与谁同坐轩

一种享受啊！

走出了拙政园，如果让你去用一句话来概括园子美在哪里，你会怎么说呢？如果让我说的话，那就是"虽由人作，宛自天开"。你在一个园子里，就能感受到很多园林的魅力，比方说沧浪亭的清秀疏朗、狮子林的玄思妙构、留园的曲径通幽、网师园的隐逸之气。这个时候，你会觉得拙政园真的令人回味无穷！

拙政园的传奇故事

◆忠王李秀成与拙政园的传说

据说，李秀成率兵打进苏州的时候，想找个办公事的地方。有人就告诉他，拙政园很好。他进园一看，亭台楼阁，月门水廊，很好看。虽然因为这里很久没有修理了，所以有些破旧，但是仍然十分幽雅。于是他就想在这里住下来。可是他在园里走了一趟，却找不到一个办公的地方。园子是好看啊，但是亭子太小，厅堂太大，水榭好看不实用，小阁太高不方便，敞轩透风没遮拦。

怎么办呢？

正当他很烦恼的时候，忽然看见一座楼，建造在水中央的假山旁。虽说是楼，偏偏是楼上楼下不相通。从下面山路进去，像登上山。推窗一看，有山有水。一看便知道是能人设计，与众不同。这个楼就是"见山楼"。

李秀成觉得这个地方很好，既可办公，又可居住。每天早晨他起床以后，便在楼上推开窗户，四面眺望，远山近水尽在眼底，心胸格外开阔。

这天，北园有个老人起早割草。割草累了，他想直直腰。猛一抬头，就看见拙政园里的见山楼上，有一个用黄绸包头的人在向外张望。他朝这人看看，这人朝他笑了笑。老人感到很奇怪，事后一打听，才知道这个黄绸包头的人，就是鼎鼎大名的忠王李秀成呀！

这个消息一传十，十传百，大家都知道了，于是每天早上，老百姓都三五成群地站在园外的小山上来看李秀成。时间长了，他们碰到什么事都来找李秀成，李秀成也从老百姓嘴里知道了不少事情。

有一次，阊门外山圹街有两个新入伍的太平军，强买了虎丘农民挑进城

▲李秀成

来的两筐菜。第二天，有人就来到了拙政园外的小山上，把这事说给了李秀成。李秀成立刻派人查明，处罚了那两个违法的太平军。这件事传出去后，强买强卖的事情再也没发生过。大家更喜欢来看李秀成了。后来人越来越多，连拙政园外面的小山也被千人万脚踏平了。

于是，李秀成每天在见山楼打开窗子，朝外看到的是一座座的人山。见山楼因此更加有名了。

◆吴三桂的女婿与拙政园的故事

清朝初年，拙政园被一个阔少爷买了下来。这个人是谁呢？他就是平西王吴三桂的女婿王永平。

吴三桂是谁？他原来是明朝的将军，后来投降了清朝，于是被封了很大的官。他的女婿当然也很有钱了。

其实说起这件事，里面还有个曲折的小故事。

王永平原来虽然家里有钱有势，和吴三桂家差不多，但是后来成了乞丐。一天，他正在街头向一位老者乞讨，老头看了看王永平，觉得面熟，问到："你是不是王永平公子？"王永平答："是的。"老头对他说："你这么穷，怎么不去找你的岳父吴三桂呢？"

那时候吴三桂是朝廷红人啊。王永平忙说："你不要瞎说，吴三桂怎么会是我的岳父呢。"老头见他不信，只好说了实话。原来这位老者是王永平家里的仆人，他听说王永平与吴三桂之女有指腹婚约。说完后，他就抓紧催王永平回家去找当年和吴三桂家签的婚约。

婚约在那个时候，就和结婚证书差不多。

王永平回到家中，果然找到了和吴小姐的婚约。然后他赶到云南昆明，去找吴三桂。到了那里，被门卫挡在了门外。王永平只好拿出了婚约。

后来，他如愿娶了吴三桂的女儿，并且当上了三品官。可是，住在昆明的他总是想家，于是住了一段时间后，他就带着妻子回到了苏州，买下了拙政园住在里面。

王永平买下拙政园后，又把这个园子修了一遍。可是因为他没有改掉自己的坏习惯，不久就死于酒色过度。他死后，拙政园就归官府了。

苏州园林的冠军——留园

留园简介

留园原来是明代万历年间的"东园"。它在苏州的阊门外，当时是明朝的一个叫做徐泰时的大官建造了这个园子。

很多年过去了，到了清朝嘉庆年间，这座园林的主人变成了刘恕。刘恕把它该名成了寒碧庄。但是因为园子主人姓刘，所以大家又叫它刘园。

又到了清朝同治年间，当时著名的实业家、政治家、南洋公学的创始人盛旭人买了这个园子，这个时候他又一次改了名字，改成了现在的"留园"（取"留"与"刘"的谐音，意为常留天地间）。经过重新的修整和扩建，现在的留园里面有闻木樨香轩、五峰仙馆、寒碧山房、远翠阁、石林小院、绣圃诸胜、心旷神怡之楼、花好月圆人寿轩等。

时间又过去了几十年，到了光绪十四年（1888年），又扩建了西园，修建了别有洞天、筑山小蓬莱等。三年后，再一次扩建了东园，购买了园林旁边的奇石冠云峰，增修了许多亭台楼阁。这时候，园林的幽静的亭台、美丽

▼苏州留园

的草木、奇妙的泉石已经让人赞叹不止了。

整个留园有20 000多平方米大小，建筑占了全园面积的三分之一，数量在苏州园林中是最多的。这些建筑有厅堂、走廊、粉墙、洞门等，它们和假山、水池、花木等组合成数十个大小不等的小庭院。这些庭院布局很合理，充分体现了古代造园家的高超技艺、卓越智慧和江南园林建筑的艺术风格。

这么多的庭院，有没有一个整体的格局呢？

全园用建筑来划分空间，大致分成了中、东、西、北四个景区。中部最好看的是山水，里面池水明洁清幽，峰峦环抱，古木参天。东部主要是建筑，重檐迭楼，曲院回廊，疏密相宜，奇峰秀石，引人入胜。到了西部，就感觉到环境的僻静了。游玩到北部，又换成了竹篱小屋，很有乡村田园的风味。

留园这么大，但是里面可有很多讲究。

它讲究建筑的布局，讲究山水的配合，讲究花草树木的搭配，还讲究近景、远景的层次。在园内随处看去，都会觉得建筑高低错落，曲廊蜿蜒有趣。在这里闲玩，很有步移景换的奇妙感觉。

如果你让我用一句话来说留园到底好在哪里，那这句话就是：无论你站在哪个地方，眼前总是一幅完美的图画！

庭院深深藏美景

了解了留园丰富的历史，下面我们就进去看一看吧！

留园可不是一座简单的公园，在它的里面，有住宅、祠堂、家庵、园林。

当大家走进留园时，首先看到的是两扇不起眼的大门。人们会觉得奇怪，为什么造园的人建造这么美丽的园林，却不把大门装饰得漂亮、豪华点呢？

其实，并不是园主人不愿意花钱，而是因为他们大多是隐居的人，不喜欢有很多人来这里做客。于是，他们本着"久在樊笼里，复得反自然"的情怀，独自在自己的公园里玩石赏月，经营花草。在他们心里，想的是重新回归自然、寄情山水、过一种隐居的生活。因为这个原因，所以苏州的私家园林都没有气派显眼的高大门楼。它的正门都是非常简单。

穿过这个普通的大门，迎面而来的是一个宽敞的大厅。这个大厅的中间是个屏风，屏风上有个留园的全景图。这是在1986年，为了纪念苏州古

▲吴下名园

城建成2500周年，由扬州工匠用2500枚各类玉石薄片缀成的。

在全景图的上面是一个匾额，写着"吴下名园"四个大字。这四个字准确地说出了留园在苏州园林中的地位。这是由著名的版本目录学家，前上海图书馆馆长顾延龙先生题写的。这个屏风的前面是全景图，后面刻着清代朴学大师俞樾先生写的《留园记》，是吴进贤先生的书法。

走过大堂，后面是狭长的长廊。如果我们从这个长廊走过的话，就会经过两个小小的露天空间。苏州人把这种露天的空间叫做天井。由于它们面积太小，就像螃蟹的眼睛一样，所以人们形象地叫它"蟹眼天井"。这两个蟹眼天井在这里主要是为了让园子更好地吸收阳光。为了避免造景上的单调，在这两个小天井下面，建筑者还各放了一个棕竹的盆景。

为什么这里有个长廊呢？

从园林的审美方面来看，这段长廊有"欲扬先抑"的审美效果。什么意思呢？因为走过它，后面就是豁然开朗的中景了。因此，这段长廊不仅被园林专家评定为"留园三大名廊"的第一个，而且在整个苏州古典园林的长廊中也算是非常优秀的一个。

经过了几番周转，我们现在能隐约看到中区的山池楼阁了。从这里我们往西走，往北看中区的景观，会觉得豁然开朗。到了这里，我们已经完全置身园中了。

站在厅南院的一个花坛上，我们可以欣赏到留园的中部山水。中部的假山，既有太湖石，也有黄石。它们峻峭嶙峋，上面古树参天，灵秀中透着一股阳刚。尤其是那几棵非常古老的银杏、樟树，和假山浑然一体。在这里登上假山，你会觉得就像进入了深山幽谷。可以说，这在苏州各处的古典园林中，绝对算得上是一处"城市山林"的好例子。

由于假山和水池离得很近，所以古树、假山和水面之间就会有高有低，让你看起来会觉得非常奇妙。这就是古典园林中"以低衬高"的手法。

另外，从山水布局来看，虽然这里水池在中间，山水在两旁，但是在审美上，山的气势却能压住水的生机，所以说，水只是山的"配角"。

看完这里，让我们接着往前走。这个时候，你会看到建筑出现了。这就是中部花园中最高的建筑"闻木樨香轩"了。从建筑形式上看，这实际上是一个靠着长廊建造的半亭，因为四周都是桂花，所以叫它"闻木樨香轩"。

在它前面是一副对联："奇石尽含千古秀，桂花香动万山秋。"这副对联把这里的景色描绘得非常准确：千姿百态的假山在桂花树的掩映下，显得玲珑而古朴，每到秋天，山上都飘着桂花的香气。尤其是这个对联中的"动"字，用得极妙，把"香味"这一园林中的虚景写活了。不仅如此，"闻木樨香"还有佛家禅的意思，它似乎在暗示别人，佛理就像这桂花香气一样，虽然我们看不见，摸不着，但是它却无时不在，无处不在，只要用心去体会，人人都可以成佛。

好了，看完这里我们往东走吧。

东面是一个小石桥，过了这个石桥沿着石径往前走，你会看到几棵已经两百岁的古银杏，它们在奇峰异石之间挺拔生长着。

银杏又叫白果，是我国特有的珍稀物种。因为从种植到结果的时间很长，爷爷小的时候种下这棵树，到了孙子长大后才能结出果实，所以它又被叫做"公孙树"。银杏树有雄有雌。它的果实，也叫做白果，可以食用，也可以当中药。银杏树的木头可以用来雕刻。

在古银杏树中间，有一个六角飞檐攒尖顶的小亭。这个小亭子就是可亭，意思是可以供游人停留休息。亭中有一个小石桌。不要小看这个小石桌，它可是用安徽灵璧县的灵璧石制成的，非常珍贵。

从可亭往南看，可以看到南面的明瑟楼、涵碧山房。每当清风吹过来，对面的明瑟楼和涵碧山房便像一艘慢慢出航的画舫，随波动了起来。这里的造园者用了写意的手法，使静止的建筑在审美上平添了一份动感，可以说是苏州园林造景的一绝。

同时，可亭和涵碧山房、居水池南北相对，无论是建筑的大小，地理位置的高低，还是从建筑形态等各个方面来看，都可以说是一种绝佳的对景。在可亭四周还种植了梅花，冬天梅花开了之后非常漂亮。所以，可亭也是留园中部欣赏冬景的好地方。

可亭的北面是假山。假山的后面有一段五十多米长的花街。

什么叫花街呢？就是用鹅卵石和碎瓷、石片、瓦片等各种材料筑成各种花纹的小路。

这段花街上面的花纹是海棠花。它像很多画着画的布铺在地上一样美丽。

▲ 五峰仙馆

　　在这段花街的北面有一条长廊，它沿着粉墙建造。可以说，这段长廊是中部假山爬山廊的延续。它除了能够联结景点、遮雨蔽日之外，还巧妙地遮挡了留园中部和北部之间的粉墙，这样一来，人们就会淡化北部与中部割裂开来的感觉了。

　　留园东部的主要建筑之一是五峰仙馆。这座高大宽敞的大厅，装修精美、陈设古雅，素有"江南第一厅堂"之美誉。由于它以前的厅内梁柱都是珍贵的楠木，所以又叫"楠木厅"。

　　后来为什么改名叫"五峰仙馆"了呢？

　　原来，因为南面小院的假山有庐山五老峰的神韵，于是取唐代李白"庐山东南五老峰，青天秀出金芙蓉"这句诗歌的意境，改成了五峰仙馆。厅中匾额上的"五峰仙馆"四个字是园主盛康请金石名家吴大写的。

五峰仙馆是做什么用的呢？

这里是园主人以前用来举行重大宴饮或者婚丧大事的场所。你在大厅的中后部还能看见一排屏门、纱隔和飞罩，把这个大厅隔开。这是为什么呢？

原来，封建时代讲究男女授受不亲，男人和女人不能随便见面，所以大厅被这样隔成了南北两个部分。

南面宽敞明亮，坐椅严格按规矩摆放，是主人宴请男宾的地方。而北面则相对狭小，是专门请女宾的地方。正中间的银杏木屏上刻着马锡藩写的《兰亭序》全文。二十四扇纱隔下面是木板，上面刻着花篮、葫芦、竹笛等"暗八仙"的图案。纱隔的上半部装裱着张辛稼先生的绢本花鸟画。

另外在大厅北侧的一角，还有一块圆形的大理石座屏。这个座屏非常大，直径有1.4米，全国其他地方很难见到。这个石头还奇怪在它的纹理色彩天然构成了一幅水墨画。最不可思议的是它的左上方有一个天然的"朦胧月"，给人一种"雨后静观山"的意境。这块大理石和冠云峰、冠云楼中的鱼化石被大家称作"留园三宝"。

除大理石的座屏外，大厅的东、西墙上，还挂着四幅庄重典雅的大理石画挂屏。深褐色的大理石屏板上各有一圆一方两块大理石。它的天然纹理就像是一幅幅山水画。

为什么要放一圆一方两个大理石呢？原来这里上圆下方的布置表现的是古代"天圆地方"的含义。

在留园的东部还有一处绝妙的建筑，那就是"林泉耆硕之馆"。

这个名字需要解释一下。"林泉"在这里说的是山水风光。"耆"是指六十以上的老者。"硕"说的是有学问名望的人。

所以，通过这个建筑的命名，想必大家都能知道，这里原来是隐逸高士聚会的地方，具有浓郁的书卷气。

从建筑形式上来看，这是一个典型的鸳鸯厅结构的建筑。

什么是鸳鸯厅结构呢？

鸳鸯厅结构在建筑上一般有以下几个方面的主要特点：第一，外观是一个大屋顶，里面分成两个屋面；第二，一间大厅用屏门或纱隔、飞罩分隔成两个相对独立的区域，这样就可以在不同的季节使用，或者让男、女宾客分别使用；第三，两个区域的梁柱、铺地等建筑装修、家具布置都有明显不同。

林泉耆硕之馆的南厅正中屏门上刻着冠云峰图。这幅画是清末的作品。这里布置着香妃榻、红木架穿衣镜、大理石座屏，显得简洁而典雅。

在南厅外的天井中，东、西各种有一棵金桂。中间的石库门上有匾额，上面是"东山丝竹"四个大字。"东山"指的是晋代谢安在浙江上虞的隐居地。后来人们就用"东山"代表隐居。"丝竹"在这里说的是音乐。

哪里有音乐呢？石库门外的院子中原来有戏厅，是主人听戏赏曲的地方。

大家还记得我们说过，"留园三宝"中的一宝叫做冠云峰。林泉耆硕之馆的北厅是观赏冠云峰最好的地方了。里面布置着红木家具，陈设非常的精致，显得富贵古雅。北厅的门上刻着俞樾先生写的《冠云峰赏》。

冠云峰在哪里呢？

它就在林泉耆硕之馆的院子中央立着。我们走近看一看吧。

它是一块高大的太湖石。"冠云峰"这个名字来自一本叫《水经注》的古书。书里说"燕王仙台有三峰，甚为崇峻，腾云冠峰，交霞翼岭"。于是，这个假山就叫冠云峰了。

古人把石头叫做云根。尤其是太湖石，它的形状、色质和云彩特别像，所以人们多用云来命名太湖石。留园中，为了烘托冠云峰的主景，还在它的两旁立了两块湖石作为陪衬，分别叫做瑞云峰和岫云峰。这也就是俗称的"留园三峰"。

为什么苏州园林里有这么多太湖石呢？

石头因为质地坚硬、外表不易发生变化，所以被当做是忠贞不渝的人格象征。太湖石产于太湖。由于湖水冲刷，所以使得石质坚贞、色泽清白。这种坚贞和清白，让在官场中沉浮的园子主人从它的身上找到了精神寄托。

知识链接 ✓

"留园三峰"中当然是冠云峰最高大，最奇伟。只见它壁立当空，嵌空瘦挺，孤高磊落。可以毫不夸张地说，这块石头完全具备了古人对太湖石的八字审美标准："瘦、皱、漏、透、清、丑、顽、拙"。

尤其是太湖石阳刚的石质和阴柔的外形非常和谐，正是中国传统文人追求的"外圆内方"处世道理的生动典型。所以，从孔夫子的"仁者乐山"开始，文人们喜欢石头，热爱石头，和石头交朋友，就是要通过与石头的情感交流来表现出自己坚贞和高洁的品德。另外，太湖石天然的曲线也给人们留下了想象的空间。因此，欣赏太湖石就像品茶一样，非常值得玩味。苏州之所以有这么多的古典园林，其中一个主要原因，就是这里盛产太湖石。唐代大诗人白居易在《太湖石记》中说："石有聚族，太湖为甲。"

说到这里，大家就明白上面那个问题的答案了吧。

那我们再回到冠云峰，继续说我们没说完的话题。

冠云峰，传说是北宋末年遗留在江南的一块名石。后来它被留园的园主人盛康买了下来。他为了欣赏这个石头，还特意在石峰的周围建造了一组建筑，并且都用"冠云"来命名，可以说是用心良苦。

留园作为中国四大名园之一，凭借着它千姿百态、赏心悦目的园林景观，呈现出了诗情画意一般的无穷境界。

留园中的传奇故事

◆冠云峰的来历

留园里的冠云峰是太湖石里的绝品。

为什么这样说呢？

因为好的太湖石要"瘦、皱、漏、透、清、丑、玩、拙"，而这个山峰把这四个特点集中在一起。并且，据说这块奇石还是宋代花石纲中的遗物。

花石纲是什么呢？

原来，北宋的末年，虽然北边金兵经常侵略，但是宋徽宗竟然还在东京城里大兴土木，要建造"延福宫"、"万寿山"。为了满足他的需要，就下令在全国范围内征集奇花异石，夸口说要搜罗完天下最漂亮的石头。

为了搜集这些石头，宋徽宗特地下令在苏州设立了苏杭应奉局，专门负责搜罗名花奇石。苏杭应奉局的主管叫朱缅。这个人可不简单，他最会巴结皇上。自从当上了这个官后，他就放开手脚，拼命在民间搜刮。他搜刮的花木石头就叫"花石纲"。只要谁家有一石一木被他打听到并看中，他就会立

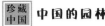

▲冠云峰

刻派兵上门抢夺。这个时候如果谁敢反抗，他立刻说你犯了"大不恭"的罪过。有时候为了搬树移石，甚至拆掉民居的围墙甚至房子。最后，终于激起了农民起义。当时起义军的一个口号就是杀"朱缅"。

不久，北宋因为国库空虚、民不聊生，终于被金灭掉了。宋徽宗自己也做了俘虏。冠云峰就是后来没有来得及运的花石纲的遗物。

关于冠云峰还有一段传奇式故事呢。

话说当年朱缅在太湖中得到了两块奇特的石头，"大谢姑"和"小谢姑"。"大谢姑"先运到东京，宋徽宗非常喜欢。但是"小谢姑"在运的时候发生了事故，沉到了太湖底。

这可怎么办？

朱缅派了很多人前去打捞，但是他就是找不到"小谢姑"，仿佛这块奇石"游"走了。朱缅没有办法，便放弃了打捞的计划。

几年之后，到了明朝，吴县有一户姓陈的人家在西洞庭山找到了这"小谢姑"。这户人家欣喜若狂，连忙雇人把它装上船，准备运往苏州。可是奇怪的事情又发生了，石头上船后不久，船突然漏了，"小谢姑"又落入湖底，打捞了半天还是找不到。姓陈的这个人急了，花了很多钱在这块石头沉水的地方筑成堤围，然后把围中的水抽干，这才把"小谢姑"找到。找到后就运到了家里，放在堂屋前。

过了一段时间，浙江一个姓董的人花了很多钱从姓陈的那家人手中买下了这块奇石，令人不可思议的是在运输这块奇石的途中，运石船又沉没了。姓董的人费了九牛二虎之力，才将"小谢姑"打捞上来。打捞上来后，他把这个奇石赠给了女婿徐泰时。徐泰时把这块石放在了自己的"东园"内（现留园的一部分）。

转眼到了清朝。

清朝乾隆四十四年，苏州地方官迎接乾隆南巡。为了拍马屁，就把这个奇石搬移到了皇上的住所里面（现苏州第十中学内）。

这块传奇的石头现在还在那里。

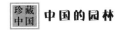
美丽如斯——网师园

网师园简介

网师园是最漂亮的苏州园林之一。它位于古城东南隅葑门内阔家头巷。从它的后门出去，就是十全街。按照古代的地方志记载，它是带城桥阔家头巷11号。现在的位置是苏州市友谊路南侧。

它的历史很悠久，在南宋的时候就已经修建了。那个时候它是宋代藏书家、官至侍郎的扬州人史正志的"万卷堂"故址。作为花园，它当时叫做"渔隐"，可惜后来被废弃了。

到了清乾隆年间。这个时候有个退休的大官叫宋宗元将它买了下来，并且重新修建，并叫"网师园"。

为什么叫"网师园"呢？

原来，网师就是渔夫、渔翁之意，它和当初的名字"渔隐"是一个意思，都有隐居江湖的意图。网师园，就是"渔父钓叟的园子"。这个名字既借了原来"渔隐"的意思，又和巷名"王四（一说王思，即今阔家头巷）"谐音。

先来大致了解一下网师园吧。

网师园大小有10亩大。园林部分占地约5 330余平方米，内花园占地5亩。因为南方园林的水池都很多，所以其中水池有447平方米。虽然说网师园的总

▲ 网师园

面积还比不上拙政园的六分之一，但是小中见大，布局严谨，主次分明又富于变化，园内有园，景外有景，非常精巧幽深。看它的建筑，在这么小的地方有这么多的建筑，但是不觉得拥塞；山水虽然也很小，但是不觉得局促。如果能够细细品味一下的话，就会感觉到这个园子清新而有韵味。正是因为这些原因，所以它被认为是苏州古典园林中以少胜多的典范。历史上很多人都称赞过它。像陈从周说它："苏州园林小园极则，在全国园林中亦属上选，是以少胜多的典范。"清代著名学者钱大昕说它："地只数亩，而有行回不尽之致；居虽近廛，而有云水相忘之乐。柳子厚所谓'奥如旷如'者，殆兼得之矣。"

知识链接

1963年网师园列为苏州市文物保护单位，1982年被国务院列为全国重点文物保护单位。1997年12月被联合国教科文组织列入《世界文化遗产名录》。

这么小的网师园，内部是怎么划分的呢？

网师园全园分三部分，三个部分各有特点。每个部分用的石头也不一样。在主园的池区用黄石，其他的地方用湖石。整个园子以水为中心，在池子周围修建亭阁，疏朗雅适，移步换景，诗意天成。里面还有很多的古树花卉，它们因为古、奇、雅、色、香、姿而著名。这些草木和建筑、山池相映成趣，构成了主园的闭合式水院。

低下头去看那一池清水，看到池水清澈，非常美丽。再看东、南、北方向的射鸭廊、濯缨水阁、月到风来亭及看松读画轩、竹外一枝轩，它们集中了春、夏、秋、冬四季景物及朝、午、夕、晚一日中的景色变化。

小园容大景

既然网师园的面积不大，我们就一起进去好好游览一番吧！

网师园东部是宅第，中部是主园，西部是内园。它的宅第规模中等，是苏州典型的清代官僚住宅。住宅的大门朝南开，临着小巷。在门前有照壁，东西两面是墙。在临巷的地方设了辕门，围成了门前的广场。广场上种植了两株槐树。在东西两面墙上，都放了拴马环。那个时候不开车，所以不用停车场。拴马环就相当于现在的停车场了。在它大门的两边还有两个抱鼓石，石头上刻着狮子滚绣球。抬头再看这个大门，它上面阀阅三只，象征着园主人的地位。在它的正门东侧是个小便门。

再往内走。整个住宅区前后有三进。里面的房屋很宽敞，有轿厅、大厅、花厅。这些厅堂的内部装饰都很雅洁，外部的砖雕也非常工细，可以说是封建社会当官住宅的代表作了。

从大门的门厅到轿厅，东面有个小里弄可以到达内宅。在轿厅后面，那个宽敞的大厅就是万卷堂。万卷堂的门楼可是历史文物。它在乾隆就雕刻好了，并且非常精细。因为太漂亮，所以很多人都说它是苏州古典园林里最漂亮的门楼。

万卷堂的后面是撷秀楼。听这个名字就知道应该是妇女住的地方。

绕过这个楼，就到了五峰书屋了，喜欢看书的朋友一定要看一看。这个书屋是原来的主人放书的地方。

上面我们参观的这几个地方的家具陈设，都是清代的模样。

在屋的东北是梯云室。梯云室里面有个黄杨木落地罩，这个罩子上镂刻了两面图画，非常精致。

梯云室北面还有个后门，1958—1980年都从该门出入。

过了住宅区，我们就到了园林区了。

主园在宅第的西面。住宅的主要建筑里面，都有侧门或走廊通往主园。连接主园和住宅的，还有一条正通道。一般都从正通道走。它是轿厅西侧的小门。在门楣上，有乾隆时候的刻字转："网师小筑"。

到了主园，你会发现小小的面积内，建筑物却有很多。这些建筑物又组成了庭院两区：南面小山丛桂轩、蹈和馆、琴室是居住、餐饮的；北面五峰书屋、集虚斋、看松读画轩等主要是看书的。在这两区中间是池水，荡漾弥漫。

这个水池非常美丽。池岸低矮，都是黄石堆砌成的。这些黄石挑出各种岩穴的形状。石头错落，下面是流水口。池的两端还有两条小溪，小溪上的桥弯弯曲曲，让人觉得这小小的水流好像流不完一样。在水池的周围，那些亭子小巧轻盈，体积较大的楼馆有的用山石树丛来遮挡，有的放在较远的地方。这样一来，就使园景有层次深度。进到这里，才能明显感觉大的建筑虽多，但是不觉得挤。

绕池的建筑结构都不一样。在这里可以静静观赏春夏秋冬四季景物的变化，也可以观赏一天之中景物的不同。

濯缨水阁非常纤巧。它的基部全用石梁柱架空。池水在它的下面，很适合夏日纳凉。因为下面是空的，所以在上面说话会有共鸣，所以原来也当做戏台来用。

月到风来亭也在水面上，在上面观赏月亮最好了。

竹外一枝轩原来是封闭的，后来改成了开放式的。它小巧空灵，简朴素雅。从池的南面望上去，就像一艘小船一样。在它的墙上还挖了圆洞门、空窗，可以让游客随意看窗外的景色。在它的前面还有一株松树，斜出水上。

看松读画轩，里面的陈设很精雅，陈列着有亿年历史的硅化木。门前的罗汉松和古柏传说是宋朝种植的。可惜前者在1981年被冻死了，只剩下古柏树挺立水池边。它有10余米高，是全园最高的树。这株古树虬枝遒劲，树干斑斓苍古。等冬天到了，坐在这个轩里，可以喝茶赏雪，非常舒适。

静桥，是苏州园林的最小石桥。桥下有一个石头，刻着"篆涧"二字。据说这是南宋刻的。

小山丛桂轩是园内的主要建筑，在里面可以观赏四面景色。

琴室原来是园主弹琴的地方。在里面有一个放琴的砖，据说是汉代的物品。它厚重中空，在上面弹琴，音韵悠然，非常好听。

看完这些地方，我们再到竹外一枝轩后面的天井去看看。那里种植着翠竹，透过洞门空窗就能看美丽和挺拔的竹子。

再往后是集虚斋。

再往西看，是内园。我们可以从"潭西渔隐"月洞门（此处亦为何氏辟）进去。内园占地660多平方米。里面庭院精巧古雅，中间一个花台，因为里面有很多芍药，所以就把西北方的那个小屋叫做"殿春簃"。殿春簃的建筑、家具、宫灯都是明代的风格。这个小院作为典型的明代风格的庭院，在全世界都很有名。

1979年美国纽约大都会博物馆用殿春簃做原形，建造了中国式的庭院"明轩"。第二年作为中国古典园林的范例，在美国纽约大都会艺术博物馆落户。这让中国的园林闻名于世。

小轩及复室内都是明代的家具和画具。这里曾经是张氏昆仲大风堂。在窗后是竹石梅蕉，微阳淡抹，浅染成图。在门前是山石，里面有洞室，曾经养过小老虎。后来小老虎死了。现在房屋前面的西墙角还有1982年张大千写的《先仲兄所豢虎儿之墓》的石碑，就是埋葬小老虎的地方。

在庭院西南角有一处泉水。泉上有个石头，石头上刻着"涵碧泉"三个字。这个石头原来没有，后来是1958年整修时挖出的。挖出这个石头之后，再往下挖，果然挖出了清泉。这个泉水和中部的池水是相通的。

冷泉亭里有块灵璧石，3米多高。它像一只展翅欲飞的苍鹰一样。如果敲击它的话，就会听到铮铮的声音。这块石头原来不在这里，是从耦园及桃花坞费宅搬过来的。

网师园里的传说

关于网师园的建造，在江浙一带至今还流传着一段动人的传说。

据说，很久以前，现在的网师园这个地方是一片荒野，杂草丛生，荆棘遍地。在荒野的东南角上有一棵古柏。古柏郁郁葱葱，四季常青。在古柏下，有一个深不见底的清潭，潭里的水一年四季永不干涸。

传说有一年，一批渔民逃荒来到这里。他们在这里安了家，种地、捕鱼，过着清贫的日子。他们当中有个叫王思的老渔翁，人很厚道，左邻右舍都赞扬他。每天天刚亮，王思就去捕鱼。但是他有个怪脾气，就是每天从不肯多捕鱼，只要够吃够用，就收网回家。

这天，王思在河里撒网捕鱼。静静的水面忽然起了漩涡。王思以为是鱼群闯进了网里，就用力把网拉起来，只见网底只有一条一尺来长的东西，窄窄的身体，一扭一扭地蠕动着。它的肚皮下面长着四只脚，阔嘴巴，浑身长满鳞片，乌黑的大眼睛，闪亮闪亮的，样子有点吓人。

王思把它放在鱼篓里，准备带回家去。他路过古柏时，正想坐下歇歇，只听见有个声音轻轻地呼喊："王思，放了我吧！放了我吧！"

王思吓了一跳，四面看看，没有人呀！噢，原来是鱼篓里传出来的声音呀！王思惊奇万分，连忙把鱼篓打开，那个东西一下子跳了出来，"扑通"一声跳进了深潭。

跳到水里之后，那东西又浮出了水面，忽闪着眼睛瞅着王思。忽然，它口一张，吐出了一颗闪亮的珠子，然后说："王思，你把珠子藏好，如果有什么困难，捧着珠子来喊我，我就会帮助你的。"说完朝深潭里一钻，就不见了。

王思捧着那颗珠子，回到了家里。晚上，屋里宝光四射，一片光明。

这是颗夜明珠呀！他把夜明珠藏在一只酒坛子里，又在床底下挖个洞，把酒坛埋了下去。

第二天，王思像往常一样继续过着自己的生活。一晃眼，过了五六年。有一年，这一带大旱，禾苗都枯黄了，人们都没有水喝了，有很多人因为缺水渴死了。

可是奇怪的是，古柏根下的水潭始终有水。周围的老百姓都赶到这儿来取水。可这口清潭毕竟太小了！这么多人从早到晚聚集在水潭周围，闹得水泄不通，你抢我夺，总归不是办法。

王思看在眼里，急在心上。这时候，他想起了那颗夜明珠！

王思立即跑回家，挖出酒坛，揭开坛盖，拿出了这颗夜明珠。

▲ 网师园分布图

▲网师园引静桥，远处是月到风来亭

王思听老人说过，蛟龙取水，离不了夜明珠。他捧着明珠，跑到古柏前的水潭边，高喊着："蛟龙，明珠在此！苏州干旱，快快取水！"话音刚落，只听见水潭里"哗啦"一声巨响，泛起了一个大水花，窜上来一条黑苍苍的乌龙，张开阔嘴巴，露出水面。

王思举起双手，把明珠向蛟龙嘴里丢去。蛟龙"咕嘟"一声吞下了明珠，向王思点了点头，慢慢地沉下潭底。停了一会，潭子里忽然腾起一根几丈高的水柱，一时浪花四溅，雨珠纷飞。一会儿，水珠低下去了，那深潭里却不断涌出碧绿的泉水来。

这泉水清凉甘洌特别好喝。王思开心极了，一路奔一路喊："乡亲们，快来啊！蛟龙送水来啦！"

乡邻们一听见"水"的声音，都迅速从四面八方奔了过来，高兴地唱啊、跳啊，又在古柏下的龙潭四周挖了一条条深沟，把清泉引到城乡的河道中去。一夜工夫，苏州城几百条大河，都灌满了清水，苏州又成了美丽的水乡了。

王思死了以后，人们为了纪念他，就在古柏龙潭的周围造起了一座花园，取名叫"王思园"。后来，有人退隐住在这里，精心整修，把这座花园修得十分精巧、幽美。因为王思是渔翁，据说渔翁又有"网师"的称号，所以后来，"王思园"就改名叫"网师园"了。

网师园最初建于南宋时期，原来是退隐侍郎史正志兴建的"万卷堂"的花园。

后来，这个园林被太仓的瞿远村买到了，于是它也叫"瞿园"。清朝光绪十一年（1885年），它又归属到了李鸿裔的名下。画家张大千兄弟也曾在此园借住一段时间。

但是，这么古老的地方，亭台楼阁、山水林木却仍然非常美丽。它秀美的景色、迷人的建筑艺术，一直在中国和世界上非常著名。

独步江南——环秀山庄

环秀山庄简介

环秀山庄的历史可非常久了。如果算的话，它可以从五代的钱氏金谷园开始算起。它现在的位置是苏州城中景德路262号，就在今天的苏州刺绣博物馆里。

这个山庄在明、清时候成为私家园林。我们来看一看它的历史。

环秀山庄建造的历史最早可以说到晋代王珣、王珉兄弟建造景德寺。后来这个寺庙成为五代吴越王钱镠的儿子钱元璙的金谷园。到了宋代，又成了文学家朱长文的药圃。到了明代的嘉靖年间，先后改成学道书院、督粮道署。明代的万历年间，它是大学士申时行的住宅。等到明末清初的时候，他的孙子申继揆建造了蘧园。

变了这么多的主人还不算完！

到了清代乾隆年间，它成为了刑部员外郎蒋楫的住宅。蒋楫在这里修建了"求自楼"，并在楼的后面挖掘了泉水，叫做"飞雪"。他在泉水的旁边造屋筑亭。之后它又成为尚书毕沅的宅园和大学士孙士毅的住宅。

因为孙士毅的子孙后代都喜欢这座园子，于是在嘉庆十二年，他们邀请了名家戈裕良来重新建造这个园林。戈裕良在半亩大小的地方建造的假山却像千里雄山一样有气势。从此，该园以假山名扬天下。

等到道光二十九年（1847年），汪为仁买到了汪氏宗祠，又建造了耕荫义庄，并且重新修建了东北部的花园。然后这个园子成了汪氏宗祠"耕耘山庄"的一部分，更名为"环秀山庄"。它还有另外一个名字，叫"颐园"。

但是后来它又被破坏了，等到1949年的时候，只剩下了一山、一池、一座"补秋舫"。

这可不行！这么美丽的园林怎么能这么破败呢？

于是，在1984年6月的时候，由苏州市园林局和刺绣研究所共同拿钱，对环秀山庄进行了较大规模的整修，主要恢复了环秀山庄的四面厅、有谷堂、问泉亭、边楼等，建筑面积有754平方米，新砌、整修围墙有200余米，铺砌地面有246平方米，并且加固了假山，清理了水池，补栽了树木。

经过了这么多休整，环秀山庄现在的占地面积是2 179平方米。它的建筑不多，面积有754平方米。

在这座园子中，以山为主，池水辅之，可以称得上是山景园的代表作。园子西北部是精巧的石壁，北部是临水的"补秋山房"，东北部为"半潭秋水一房山亭"，让人体会到了一种步移景转的美感。

前面我们说了，环秀山庄虽然被毁了，但是还留下了一座假山。这座假山就是清代乾隆时戈裕良建造的。他可是最有名的假山建造者。你看他建造的这座假山运用了"大斧劈法"，虽然简练，但是结构严谨，错落有致，浑若天成。建成后的假山能逼真地模拟自然山水，在一亩左右的有限空间，山体占了半亩，但是仅仅半亩，却建造出了谷溪、石梁、悬崖、绝壁、洞室、幽径这些景物！

园子中还建有补秋舫、问泉亭等园林建筑。

在这座园子里，千岩万壑，走一步就会发现景色和上一步很不一样了。在这里，质朴、自然、幽静的山水，有一种含蓄的美丽。园子建造者通过合理安排山石、树木、水体，体现了很高的艺术水平。

有段话是这么说的：望全园，山重水复，峥嵘雄厅；入其境，移步换景，变化万端。令人感叹道：小小园林，气势非凡！

▲环秀山庄

深山幽谷里的奇景

小小园林，气势非凡。让我们进到这个园林里去看一看吧！

走进了山庄的大门，首先映入眼帘的是谷堂。穿过了谷堂，前行几步，豁然开朗，园林的全貌就呈现在面前。在这里，最引人注目的就是假山。假山也是环秀山庄被列为苏州名园的主要原因。假山在园林的偏东处，面积占了全园面积的三分之一，它的尾巴朝东北方向延伸。

这座假山的正面特别像苏州西郊的狮子山。看上去，它的主峰在前面突出，然后稍微低一点的在后面。这两个峰都很峻峭，相互呼应。主山从东北方开始，连绵不断，不仅很高耸，而且有一种奔腾跃动的样子。

到了西南角，山就像一个峭壁一样，向外斜出，面临着水池。从这里看去，

▲环秀山庄假山石

大块竖石是山的骨架。它们像一个垂直状的峭壁一样，平地而起。山的下面和池水连着，下面是空的，就像是天然的水窟，又像是一个个泉水的源头，和雄健的山石呼应着，非常生动自然。

在主山的前山和后山之间有两条幽谷：一条是从西北流向东南的山涧，

一条是东西方向的山谷。这两个涧谷在山中央汇合，像"丁"字一样，把主山分割成了三个部分。从外面看，峰峦林立；从里面看，洞穴空灵。前后山之间有宽约1.5米、高约6米的涧谷。

山虽然被分隔了，但是气势没有被分割。它由东向西，延伸不尽，然后突然被墙壁截断了。据说，这是清代造假山的"处大山之麓，截溪断谷"的手法。

在山涧的上面，是石头建造的桥梁，前后左右互相衬托，有主、有宾、有层次、有深度。由于山是实的，谷是虚的，所以又形成了虚实的对比。

建造者在山上种植了花木，春开牡丹，夏有紫薇，秋有菊，冬有柏，使山石景观生机盎然。

在假山的后面有座小亭。这座小亭子依山临水，旁边有个小崖石潭，借着"素湍绿潭，四清倒影"的意思，取名叫"半潭秋水一房山"。

我们一起登上那个小亭子去看一看假山吧！

在这里，我们看到山崖就像画一样漂亮。周围的树木也很有大自然的情调。

看完了山，我们从亭的北面走出，沿着台阶走下去，会看到山溪低流，峰石参差。在这高高低低的山水中，有一条路通往园北的"补秋舫"。

环秀山庄的飞雪泉曾经也是苏州园林中的一处名泉。

那为什么现在没有人说过呢？

原来，因为年代久远，所以现在只剩下遗址了。后来，工匠们把它作为大假山山涧的源头。他们还在山涧中放了大量的石头，雨后瀑布奔流而下，通过这些石头，进入水池里面。

石壁的占地很少，但是洞、壑、涧、崖这些该有的都有了。它和主山一主一从，一正一副，很有神韵。在石壁中间有个小路和边楼相通。从楼上沿着山岩下去，可以到达水边。

那太好了，有近路可以走！

但是不要着急，这条路可非常险峻啊！为了让人安全通过，在岩壁合适的位置上都有扶手石。这些扶手安排得恰到好处，一点也看不出是故意做的。这种设计让人不能不佩服假山的修建者！

筑山大师——戈裕良

这位让人这么佩服的假山建造者是谁呢？

他就是戈裕良。

"奇石胸中百万堆，时时出手见心裁。"这是清代著名学者洪亮吉对戈裕良的称誉。

可不要小看假山。

假山的功能多着呢！比方说它是构成园林的主景或者地形的骨架，也能划分和组织园林的空间。假山还能布置庭院、驳岸、护坡、挡土，设置自然式花台。当然了，它还可以与园林建筑、园路、场地和园林植物组合，然后形成富于变化的景致，来减少人工的气氛，增添自然的趣味儿。因此，在山水园中，假山非常重要。

戈裕良凭借着他刻苦钻研的精神和天赋，建造了非常美丽的假山。最典型的就是环秀山庄的湖石假山了。我们在前面已经说过了，他用少量的石头，在极有限的空间里，把自然山水中的

知识链接 ✓

戈裕良（1764—1830年）在江苏武进（今常州市）出生，字立三。他家里很穷，但喜欢钻研，能够把泰山、华山、衡山、雁荡山的山峰记住。登上他造的假山，就真的像登上泰山、华山；进入他造的山洞，就像在真的山洞里一样。他还独创了"钩带法"，使假山浑然一体，既像真山，又非常坚固。

峰、峦、洞、壑进行提炼，让它们富有变化。他建造的假山有"咫尺山水，城市山林"的美誉。著名的建筑专家刘敦桢教授说："苏州湖石假山，当推之为第一。"

现存的另外一个作品是扬州小盘谷。他在那里造的假山峰危路险，苍岩探水，溪谷幽深，石径盘旋，也是我国著名古典园林。现在小盘谷是省级文物保护单位。

他的作品还有常熟燕园、如皋文园、仪征朴园、江宁五松园、虎丘一榭园等。

戈裕良　江苏武进人，清中叶造园名家，
尤善叠山。所筑苏州环秀山庄湖石假山及常熟燕
园黄石假山，峰峦涧谷，浑然天成，传为典范。

▲戈裕良

近水远山皆有情——沧浪亭

沧浪亭简介

大家知道苏州园林中年代最久远，最悠久的一座园林是哪个吗？

当然是沧浪亭。

它是北宋建造的，是五代时孙承祐的池馆。在北宋的庆历五年，著名诗人苏舜钦，因为被人诬陷罢了官。他在吴中流浪的时候发现这个地方环境幽静，便用四万贯钱买下了废园，进行修筑。在修建的时候，他在水边造了一座亭子。因为他很喜欢"沧浪之水清兮，可以濯吾缨；沧浪之水浊兮，可以濯吾足"这个句子，所以把这个亭子起名叫"沧浪亭"。后来，他还写了《沧浪亭记》。当时最有名的作家欧阳修，为苏舜钦的亭子写了《沧浪亭》的长诗，里面有一句"清风明月本无价，可惜只卖四万钱"。因为这两个人的关系，所以"沧浪亭"名声大振。

在苏舜钦去世后，沧浪亭几度荒废。一直到南宋初年，这里成为抗金名将韩世忠的宅第。

在清朝康熙三十五年（1696年），巡抚宋荦重建此园，并且把傍水的亭子移建到了山巅上，形成了今天沧浪亭的布局基础。他还找了文征明，写了隶书"沧浪亭"，做了匾额挂在沧浪亭上。

在清朝同治十二年（1873年），沧浪亭再次重建，形成了今天这个样子。虽然因为各种原因，沧浪亭被毁坏了好多次，已经不是宋时的样子，但是里面的古树还一直保持旧时的风采，反映出了宋代园林的风格。

我们先来了解一下沧浪亭吧。

沧浪亭有10800平方米大。全园布局自然和谐，可以称作是构思巧妙、手法得宜的佳作。全园景色简洁古朴，落落大方。它不凭借人工的雕琢，而是凭借自然的美丽受到人们的赞赏。

我们常常说山水园林要有自然美，那么什么是自然美呢？

自然美，第一是不矫揉造作，不随意的雕饰，不露斧凿痕迹。第二是表现得法，山水相宜，就像自然风景。

沧浪亭园外的景色主要在水上。园门朝北开，前面有一道石桥，一湾池水由西向东。在这里，清晨和傍晚，烟火弥漫，极富山岛水乡诗意。

园内的布局主要是山。刚进大门就能看到土石相间的假山，山上古木新枝，生机勃勃，翠竹在里面舞蹈，藤蔓在里面攀登，好一番山林野趣！

园子里的建筑大多数环山，并且凭借长廊相接。但是山没有水就没有了妩媚的气质，水没有了山就没有了刚强的品格。于是，沧浪亭的建造者就沿着池子修建了一个长廊，蜿蜒曲折。这个长廊把临池修建的亭榭连成了一片。

更有趣的是，你走上这条长廊，可以通过一百多个雕刻着图案的窗子观看外面的景色。这让园外的水与园内的山自然地融为一体。这个就叫借景。

▲沧浪亭

诗歌唱美景

水围墙 月漏窗 折复廊 曲水流觞 花雕梁 石刻像 明道堂 墨润水乡 水一涯 千古沧浪 亭何傍 翠色浓重无处扛 渗透窗 苍荟 老树霜 绿枫杨 观鱼塘 树色天光 诗画舫 莫回望 泪千行 碧波荡漾 水一涯千古沧浪 亭何傍 日光穿林竹杆黄 在水一方 水一涯千古沧浪 亭何傍 人生苦短似又长 伊人发苍 水围墙 月漏窗 折复廊 曲水流觞 诗画舫 莫回望 泪千行 碧波荡漾 竹竿黄 在水一方 似又长 伊人发苍

我们在这首诗歌里就能看到沧浪亭的全貌。

让我们走进诗中的景色吧!

还没进院门,首先我们就能看到一池绿水。临水是嶙峋的山石和如带长廊。长廊中的漏窗把园林内外的山山水水融为一体。

园内主要是山石,山上古木参天,山下凿有水池,山水之间用一条曲折的长廊相连。沧浪亭临着清池,曲栏回廊,古树苍苍。有人说:"千古沧浪水一涯,沧浪亭者,水之亭园也。"

沧浪亭的主要景区就是在山林的四周环列着建筑。这些建筑有亭子、长廊。长廊上的漏窗起到渗透作用,沟通着园内、外的山、水,让水面、池岸、假山、亭榭融为一体。园中山上是盘旋的小路,葱茏的古树,蔓挂的藤萝,丛生的野花。这些景物朴素自然,就像真山野林一样。

著名的沧浪亭就隐藏在山顶上。从远处看去,它高高在上,飞檐凌空。亭的结构古雅,和整个园林的气氛很协调。亭子四周有五、六株几百岁的古树。亭子匾额上有三个大字"沧浪亭"。

向两边看,石柱上石刻着对联:清风明月本无价;近水远山皆有情。上联选自欧阳修的《沧浪亭》诗:"清风明月本无价,可惜只卖四万钱。"下联出于苏舜钦《过苏州》诗:"绿杨白鹭俱自得,近水远山皆有情。"

看完亭子,我给大家介绍一个特别的建筑样式,就是漏窗。

漏窗就是雕刻了花纹的窗子。全园的漏窗一共108式。图案的花纹变化多端,没有一个是雷同的。它们构作精巧,光是环山就有59个,在苏州古典水宅的园中非常特别。

园中最大的建筑是"明道堂",它的名字取自"观听无邪,则道以明"。它的功能是明、清两代文人用来讲学的地方。堂在假山、古木的掩映下，屋宇宽敞，庄严肃穆。在它的墙上有三块宋碑的石刻拓片，分别是天文图，宋舆图和宋平江图（苏州城市图）。

在明道堂的南面堂，是"瑶华境界"、"印心石层"、"看山楼"等几处亭子。再向北走，有三间房屋，叫做"翠玲珑"。这三间房屋非常漂亮，漂亮在哪里呢？因为它的四周遍植翠竹。

说到竹子，我们要详细地谈一谈了。

竹子是沧浪亭的传统植物，从宋代的苏舜钦开始，竹子就有很多了。它也是沧浪亭的特色之一。光是在这个园子里，就有20多种竹子。

"翠玲珑"旁边还有几间大小不一的旁室。在它们的前后，是芭蕉掩映，竹柏交翠，风乍起，万竿摇空，滴翠匀碧，沁人心脾啊。

同"翠玲珑"相邻的是五百名贤祠。这个祠堂中，墙上嵌着594幅与苏州历史有关的人物平雕石像。这些人物雕像都是清代雕刻名家顾汀舟的作品。

你可能会问了，明明是594个人，怎么叫五百名贤祠呢？

原来，这里的五百，只是取一个整数。

▲沧浪亭

　　这里的人像，每五幅合刻一石，上面刻着四句诗句。我们从诗句中可以知道，这些古贤是从春秋至清朝大约2 500年间和苏州历史有关的人物。它们绝大部分是本地人，也有外地来苏州当官的。

　　可是，那个时候没有照相机，只能给人画像，然后变成册子。这里的名贤像多数都从古册中来。当然也有当时没有画像的，就只能照着他们后代的模样画了。

　　在园子的西南还有假山石洞，名叫"印心石屋"。山上有小楼叫"看山楼"，登上这个楼可以看到苏州的风光。

　　此外，这个园子里还有仰止亭和御碑亭、观鱼处等建筑。另外还有石刻34处，计700多方。

　　沧浪亭现在是江苏省文物保护单位，已经被联合国教科文组织列入了世界文化遗产。

▲沧浪亭印心石屋

假山王国——狮子林

狮子林简介

如果真要举出看名字最不像私家园林的园林，那肯定是"狮子林"。

这个名字很奇怪的园林，初建于元代至正二年（1342年），至今已有660多年的历史了。元代的园林本来不多，它成为元代园林最杰出的代表。狮子林的位置是现在的苏州市城区东北角的园林路23号。这个地方在宋代的时候是有钱人家的别墅。

1341年，高僧天如禅师来到苏州讲经，弟子们非常喜欢他，想让他住在苏州，于是出钱在苏州修建了一座园林。一开始，他们把这里起名叫"狮子

▲狮子林

林寺"，后来又改名叫"普提正宗寺"、"圣恩寺"。

那为什么叫"狮子林"呢？

原来，因为园子里"林有竹万，竹下多怪石，状如狻猊（狮子）者"，又因为天如禅师曾经在浙江天目山狮子岩修行。所以，为了纪念天如禅师曾经的修行，就取佛经中狮子座的意思，给这个园子取名叫"师子林"、"狮子林"。再加上佛书上有"狮子吼"这样的词语（"狮子吼"是指禅师传授经文），大家就更觉得"狮子林"这个名字好了。

惟则曾经写过一组诗歌，叫做《狮子林即景十四首》。在这组诗歌中，他描述了当时的园景和生活情景。当时，园林建成的时候，许多诗人画家都来这里参禅拜佛。他们写的诗、画的画也都列入了"狮子林纪胜集"。天如禅师谢世以后，弟子们纷纷散去，寺园逐渐荒芜了。

到了明朝的洪武六年（1373年）的时候，73岁的大书画家倪瓒途经苏州。他在苏州题诗作画，画了一幅《狮子林图》，让狮子林很快在全国知名。之后，这里一直是佛家讲经说法和文人赋诗作画的胜地。

在明朝的万历十七年（1589年），明姓和尚在长安化缘，得到的钱财用来重建狮子林圣恩寺、佛殿，让它再现了兴旺景象。

知识链接

狮子林是东西稍宽的长方形。它占地11 000平方米，园内遍布假山，四处有长廊，楼台隐现，曲径通幽，走进去有迷宫一样的感觉。长廊的墙壁中刻着宋代四大名家苏轼、米芾、黄庭坚、蔡襄的书法，还有南宋文天祥《梅花诗》的碑刻作品。狮子林既有苏州古典园林亭、台、楼、阁、厅、堂、轩、廊的人文景观，又因为它的湖山奇石，洞壑深邃而盛名于世，素来就有"假山王国"的美誉。

到了清朝的康熙年间，寺、园分开。园子后来被黄熙的父亲、衡州知府黄兴祖买下了。买下之后他给这个园子取名叫做"涉园"。

1703年2月，康熙皇帝到了这里，看到这个园子很漂亮，就赐了一个匾额，上写"狮林寺"三个大字。后来乾隆皇帝六次到狮子林游玩，先后赐了"镜智圆照"、"画禅寺"及现存"真趣"等匾。乾隆三十六年（1771年）的时候，黄熙高中状元，然后他精修府第，把"涉园"改名成了"五松园"。但是到了光绪皇帝的时候，黄家已经衰败了，园子也破败得不成样子了，只有假山还依旧存在。

1917年，上海颜料巨商贝润生（世界著名建筑大师贝聿铭的叔祖父）从民政总长李钟钰那里把狮子林买了下来，花80万银元，用了将近7年的时间整修，增加了一些景点，并且重新用"狮子林"的名字命名。当贝润生准备让狮子林对外开放的时候，抗日战争爆发了，所以也就没能实现重新开放的计划。1945年，贝润生因病去世，狮子林由他的孙子贝焕章管理。新中国成立后，他的后人把狮子林捐献给了国家。苏州园林管理处接管整修后，在1954年对公众开放。

狮子林虽然缀山不高，但是洞壑盘旋；虽然凿池不深，但是回环曲折。飞瀑流泉隐没在花木之中，古树令人叫绝。它的厅堂楼阁更是精巧细致，实在是江南名园！

群狮迷恋狮子林

苏州的狮子林最有名的就是假山了。

咦，你或许会问，江南园林的中心不是水吗？

没错，但是狮子林最有名的却是它的假山。它东南多山，西北多水，四周是高墙深宅，曲廊环抱。整个园子以中部的水池作为中心，叠山造屋，移花栽木，架桥设亭，使全园布局非常紧凑。如果用一个词形容这种布局的话，就是"咫足山林"。

整个狮子林的山地面积约为1500平方米。一眼看去，假山群峰起伏，气势雄浑，奇峰怪石，玲珑剔透。假山群分上、中、下三层，有山洞二十一个，一共有九条路线可以游览。游人如果在这九条路线里攀登，就会发现自己左右盘旋，时而登上峰巅，时而沉落谷底，仰观的时候满目迭嶂，俯视的时候四面低迷，就像进入了迷宫，十分有趣。

在山顶的石峰上，有"含晖"、"吐丹"、"玉立"、"昂霄"、"狮子"等石峰。它们各具神态，千奇百怪，令人联想翩翩。山上有古柏、古松，这些植物枝干苍劲。你在山峰上看到这些古树，肯定会感到无穷的山林野趣的。

这里忽而开朗，忽而幽深，有时平缓，有时惊险，给游人带来一种恍惚迷离的神秘趣味。古书上说："对面石势阴，回头路忽通。如穿九曲珠，旋绕势嵌空。如逢八阵图，变化形无穷。故路忘出入，新术迷西东。同游偶分散，音闻人不逢。变幻开地脉，神妙夺天工。""人道我居城市里，我疑身在万山中"，这些话就是狮子林的真实写照。

看完山，我们再去看水。

园子里的水，既有聚合的，也有分散的。聚合型的是一个水池，它中心有个亭子，和池岸用小桥联通。看着这个水池，似分似合，水中鱼儿嬉戏，翠柳拂水，云影浮动，真是"半亩方塘一镜开，天光云影共徘徊"啊！

更好玩的是它的水源处理。在园西的假山深处，建筑者把假山做的像悬崖一样。一股清泉从假山上奔泻而下，形成了苏州古典园林引人注目的人造瀑布。

除了这个集中地水池之外，园中其他地方水景也很丰富，溪涧泉流，在洞壑峰峦之间流动。它们隐约于林木之中，藏尾于山石洞穴，变幻幽深，曲折丰富。

山水都是狮子林的特色。但是狮子林中好玩的可不只是山水，它的建筑也很精美。

狮子林的建筑分为祠堂、住宅与庭园三部分。现在园子的入口原来是贝家的祠堂。这个地方建有两间厅堂，檐高厅深，光线暗淡，气氛肃穆。

住宅区的代表建筑是燕誉堂。它是全园的主厅，放眼望去，这座厅堂高敞宏丽。进到里面去看，堂内陈设雍容华贵。沿主厅往前走，你会看到四个小庭园，它们的建筑风格都是亲切明快的。在堂北的庭园里，种植了两株樱花。这两株樱花为这个庭院添加了很多春意。

接下去是小方厅。这个小方厅是歇山式的建筑。厅内的东西两侧有空窗，透过窗子，游客可以看到窗外的腊梅、甫天竹、石峰。这些景物共同构成了"寒梅图"和"竹石图"。它们就像无言的小诗，点活了小小的方厅。

这种点缀的关键，就在于那些窗子。

狮子林的漏花窗形式多样，做功精巧。其中最美的就是九狮峰后的

"琴"、"棋"、"书"、"画"四个小窗和指柏轩周围墙上的漏花窗了。如果想了解这些空窗和门洞的巧妙运用，我们可以到小方厅那里去，看看小方厅中的两幅框景和九狮峰院的海棠花形门洞，就能感觉出它们的精巧了。

九狮峰院，最有名的是一座叫做"九狮峰"的假山。它东西有开敞与封闭的两个半亭，互相对比，交错而出，来突出石峰的奇特。

再往北走，又进入了一个小院。这里有黄杨花台一座，曲廊一段，显得幽静淡雅。

或许你会问，这么多小院，一个接着一个，为什么要这么复杂呢？

原来，建筑师就是想通过这么多小院，把你引入到园子里来，让你觉得

▲ 狮子林怪石

空间变化丰富。这样，你走到主花园的时候，就会觉得主花园一下子大起来了。

在主花园里，有荷花厅、真趣亭，它们靠着水池建筑，装修雕刻很精美。石舫是混凝土造成的，但是放在这里大小很合适。暗香疏影楼并不是住人的楼，它的走廊是通向假山的。这种设计让游客常常感到意外的惊喜。

在主花园里，飞瀑亭、问梅阁、立雪堂和瀑布、寒梅、修竹相互呼应，让游人回味无穷。扇亭、文天祥碑亭、御碑亭由一个长长的走廊贯串起来，打破了南墙的平直、高峻感。

可是，如果你到了这里亲自来游玩，可能会发现有什么地方不对劲儿。哪里呢？

原来，由于园子的主人换了很多，他们的年代不同，所以对建筑的理解也不一样，所以重新修建的时候就会很不一致。比方说主花园的旱船太写实了，问梅阁的体量太大了，见山楼的外形中西结合，甚至有混凝土六角亭。这样看上去就会觉得有什么地方出了差错，让人感觉建筑风格不够统一。

但是，虽然有一点遗憾，可是狮子林里扑朔迷离的假山，清脆悦耳的泉瀑，色香态俱佳的花木，使山石、建筑、树木融为一体，绝对值得一去！

狮子林的奇闻乐事

◆铁拐李与狮子林的故事

大家都听过"八仙过海"的故事吧。八仙中有个神仙叫铁拐李。他和狮子林有什么故事呢？

在苏州众多的园林中，狮子林的假山最出名。游客一旦进入假山中，往往会迷路，绕不出去。不要说是凡人了，就连仙人铁拐李也曾经为这里的假山所困呢。他还在这里输了一盘棋，棋盘至今还留在这里呢。

传说狮子林里的石狮子是从浙江的天目山飞来的。铁拐李和吕洞宾去参加王母娘娘的宴席，骑着一头青狮子路过天目山。山顶上有清泉，铁拐李正感到口渴，连忙降落云头，取下自己的宝葫芦，到泉边饮水。那头青狮子也跳进水里嬉耍。过了一会儿，狮子爬上岸来，抖动身体，身上的水散落在四周的岩石上，竟然变成了一群活泼可爱的小狮子。大狮子与小狮们玩得很开心。铁拐李见了，笑着对吕洞宾说："瞧，这青狮子动了凡心，如今有了这么多子孙，就暂且让它在这里做个狮子王吧。"

然后他用铁拐一指，这群狮子就变成了石头的样子。青狮子不忍离去，也变成了一座山峰。

到了宋仁宗时候，浙江国师寺的中峰和尚出去云游，有一天到了天目山，天天清晨面对青狮子变化的山峰读经文。

中峰和尚是谁？他可是得道的高僧。他早知道山上千奇百怪的狮子岩和狮子峰的来历。狮子在佛教里叫狻猊，是佛国的动物。他想要点化青狮，让它变回狮子。天长日久，因为经常聆听高僧的说法，青狮子又变回去了。

青狮子于是成了中峰和尚的坐骑。中峰和尚骑着青狮子来到苏州菩提寺看望徒弟天如禅师。菩提寺里本来怪石很多，有很多石头像狮子。青狮看见了它们，以为又回到了佛国狮子群中然后它摇身一变，又变回了一座狮子峰。青狮子身上散落的狮毛也变成了各式各样形态的小狮子。它们有的像是在玩绣球，有的像双狮搏斗，有的张牙舞爪威风十足。天如禅师看见之后，连说"阿弥陀佛"，赞叹师父法力无边，功德圆满，把菩提寺成了佛国狮国。中峰和尚说："那不妨就把菩提寺改名叫狮子林吧。"于是"狮子林"的石狮子就出名了。

青狮子待在狮子林里特别开心，但是这可急坏了铁拐李。他在罚青狮子待在天目山顶之后，觉得舍不得离开这个狮子，再回去找的时候，怎么也找不到了。铁拐李于是遍访名山大川，都没有找到。

有一天他偶然路过苏州，老远望见狮子林里的狮子峰。咦，那不就是青狮子吗？

他赶忙找吕洞宾商量。两位神仙决定下凡尘去看一看。进了狮子林的假山群，一拐一拐的铁拐李走得慢，和吕洞宾走失了。他远远望见吕洞宾就在前面，可怎么也绕不出假山与他碰头。铁拐李心急慌忙，坐在山洞里发急。吕洞宾以前下棋一直输给铁拐李，心想这次机会来了，就约铁拐李在假山洞下一盘棋，要是铁拐李赢了，就驮他出来。铁拐李一口答应。因为往日下棋自己输少赢多。可是这天因为身困假山，他心神慌乱，输给了吕洞宾。

铁拐李只好向吕洞宾讨饶。吕洞宾趁机说："我看这青狮子待在狮子林里也很快活，就让它留在这里好了。"铁拐李急于出去，一口答应。吕洞宾这才驮了铁拐李走出假山。

现在你到狮子林里的假山去玩，也要当心留意才好，别像铁拐李一样出不去。

◆狮子林成为私家园林的传奇故事

清朝乾隆年间，苏州的狮子林附近，出了个状元叫黄熙。黄熙从小喜欢到狮子林里玩。那时，狮子林是狮林禅寺的后花园，寺内住持见黄熙聪明伶俐，也很喜欢他，便和黄熙开玩笑说："你不是很喜欢这座花园吗？那你要好好读书，将来中了状元，我就把这座花园送给你。"

谁也没有想到，后来黄熙果然考中了状元。这时候，老和尚却不再说送花园给他的事儿了。不过，黄熙心里一直记着这件事。在这个时候，乾隆皇帝下江南到了苏州，听说城北有座出名的狮林禅寺，寺里的假山堆得曲曲弯弯，很是出奇，便叫地方官陪着到狮林禅寺游玩。

住持听说皇上要驾到，一时慌了手脚，不知如何接驾。住持急中生智，想起隔壁的黄熙。黄熙书读得多，口才好，又见过世面，让他过来接待乾隆，肯定没问题。

主意已定，住持叫小和尚请黄熙过来。黄熙到了寺里，老和尚说尽好话，把接驾的事托付给他，黄熙满口应承下来。

不一会儿，只听得鸣锣开道，乾隆皇帝驾到。黄熙和住持带着那班小和尚跪在山门接驾。

乾隆一下轿，黄熙就三呼万岁，赶上去恭恭敬敬地带路。穿过弯弯曲曲的几处殿宇走廊，把乾隆引进了后花园。

乾隆进了狮子林，看到那些假山重重叠叠，峰回路转，十分奇妙。这里的假山，堆起来有的像大狮子，有的像小狮子；有的像公狮，有的像母狮；有的像狮子滚绣球，有的像双狮在嬉闹，真是千变万化。这假山还有许多好听的名字，比如含晖、吐月、春玉、昂霄……最高的一层假山叫狮子峰。

黄熙对狮子林特别熟悉，向皇帝介绍起来也十分生动。乾隆越听越高兴，连连点头，还兴致勃勃钻进了假山。这假山设计得也巧妙，钻到里面就像走进深山，半天也绕不出来，好比诸葛亮摆下的八卦图，奥妙无穷。

园里的树木疏疏密密，连枝交错，也非常秀丽；一池清水，里面的鱼儿游得很开心。这些景致无处不精，无处不秀。乾隆越看越有趣。等到他穿过假山，在一个亭子里坐下来的时候，便问亭子叫什么名字。

黄熙知道机会来了，连忙说："这个亭子尚未取名，请圣上为它起个名字吧。"

乾隆是喜欢到处题名留字的人，黄熙的话正中下怀，不觉得心里一热，手头发痒，叫手下人取来了文房四宝。他想了好久，搜肠刮肚地难下笔，一着急，就胡乱写下三个字："真有趣"。

黄熙在一旁看着，见圣上题出这样粗俗的字句，将来挂了出去，不是要被人笑话吗？于是他上前说："臣见圣上写的字龙飞凤舞，其中这个'有'字更是特别好看，臣希望圣上把这个'有'字赐给小臣吧。"

皇上写了"真有趣"三个字，自己想想也有点俗气，正想改一改。他

▲九狮峰

▲ "真趣"匾额，清乾隆皇帝题

听黄熙一说，省了这个"有"字，剩下"真趣"，就变得很风雅了。于是他就点头答应了，并在"有"字旁边写了一行小字："御赐黄熙有"，当场就裁了下来，赏给了黄熙。"真趣"两个字就留下来做了那座亭子的匾额。从此，那座亭子就叫做"真趣亭"了。

黄状元得到这个御书的"有"字，心中暗自高兴。乾隆走后，他就把这个"有"字贴在园门上，马上叫家人搬家，把家具都搬到园里来。狮林禅寺的住持和尚一看，感到十分奇怪，拦住黄熙说："你怎么把你家都搬到园子里来啦？"黄熙两眼一瞪，说："'御赐黄熙有'这几个大字你还没看见吗？这说的就是，皇帝亲自下令，把这个园子赐给黄熙，也就是赐给我了。你敢抗旨不遵吗？"

住持一看，全明白了。原来他中了黄熙的计。现在真是哑巴吃黄连，有苦说不出。从此以后，这个花园就同狮林禅寺分了家，变成黄家的私家花园了。

智者乐水，仁者乐山——退思园

退思园简介

退思园像一个美丽的花朵绽放在江苏省吴江市，它占地6 533平方米。退思园是在清代光绪十一年（1885年）到十三年（1887年）建成的。

退思园的园主叫任兰生，字畹香，号南云。哇，这个园主的名字真好听！他是怎么想起来建退思园的呢？

原来，在光绪十年（1884年）的时候，内阁学士周德润告状，说任兰生贪污。光绪十一年（1885年）正月，任兰生被解职，等候调查。后来在调查的过程中，发现不符合事实，可是最后还是决定把他革职。任兰生被革职后就回家了。回家后他花了十万两银子建造了宅园，取名"退思"。

为什么叫"退思园"呢？

在他死后，他的弟弟任艾生写了一首诗来纪念他，里面有一句说"题取

▲退思园

退思期补过，平泉草木漫同看"。从这里我们可以看出园名取的是《左传》的"进思尽忠，退思补过"的意思，也就是说在朝廷当官要尽忠，回到家当百姓要反省。

退思园的设计者袁龙，根据江南水乡的特点，因地制宜，精巧构思，用两年建造了退思园。退思园因地形的限制，更因为园主不愿意露富，所以建筑格局突破常规。

怎么突破的常规呢？

一般的园子都是纵向的。但是退思园是横向的。从西往东看，它的西面是住宅，中间是庭院，东面是园林。宅子分外宅、内宅，外宅有轿厅、花厅、正厅三间。一般的客人来了就把他们迎到轿厅和花厅，遇到婚嫁喜事、祭祖典礼或有贵宾来的时候，就隆重地打开正厅。正厅两侧原来有"钦赐内阁学士"、"凤颍六泗兵备道"、"肃静"、"回避"四块执事牌。但是现在没有了。

退思园总体布局非常独特。亭、台、楼、阁、廊、坊、桥、榭、厅、堂、房、轩这些建筑都有。它们以池子为中心，就像浮在水上。它的格局紧凑自然，再结合植物的配置，点缀上四时景色，给人一种清澈、幽静、明朗的感觉。说它是江南古典园林的经典之作，一点也不夸张。

园林学家陈从周把它叫做"贴水园"。为什么叫这个名字呢？原来，孔子说："智者乐水，仁者乐山。"这里是智者待的地方。

退思园凭借丰富的文化内涵，以及美丽的景色，在2001年被列为世界文化遗产。

亲临退思园

退思园在同里镇，这是个美丽的古镇，有人把它比作是江南水乡的一

▲退思园旱船

颗耀眼明珠。而退思园就是苏州古典园林在这个著名水乡古镇开放出的一朵美丽的花。陈从周先生用"江南华厦、水乡名园"说同里镇和退思园，是非常贴切的。

好了，快进去看一看吧！

退思园的建筑结构分东西两个部分。西部是厅堂住宅，东部是园林。两个部分之间有个月洞门连着。在门洞上有两块砖刻，上面写着"得闲小筑"和"云烟锁钥"。

退思园的住宅分内外两部分。外宅三间——轿厅（门厅）、茶厅、正厅。这三个厅沿着中轴线布置，它们等级十分分明。外宅主要用于会客、婚嫁、祭祖典礼。内宅有南北两个跑马楼，它们都是五层。园主人把它们叫做"畹多楼"。在这两个楼中间是双重走廊。走廊下面有梯子，既能遮挡风雨，又把主仆的住处分开了。内、外宅可以分看，也可以合起来，布局非常紧凑。

接下去就是中庭了。

中庭是住宅的结尾，也是住宅向花园的过渡。庭院的主体是"坐春望月楼"。这个楼的东部已经到了花园的部分了。在花园的部分是一个不规则的五角形楼阁，叫做"揽胜阁"。

这个名字多好听啊！就是把好景色都包揽进来的意思。

这个楼设计居高临下，可以完全看到东园美丽的景色。这可不简单！因为这在江南宅第园林中可是唯一的。那个时候女客是不方便见陌生人的，所以在揽胜阁中，宾客中的女眷就可以不下楼看到园中的景色了。

和坐春望月楼相对的是迎宾居、岁寒居。园主人当年曾经在这个地方接见朋友，陶冶性情。岁寒居，听这个名字就能猜到，它适合在冬天风雪的时候，约上三五个好友围着炉子喝茶。透过居室的花窗，能够看到潇洒清幽的腊梅，挺拔坚毅的苍松，清骨神秀的翠竹，是一幅天然的"岁寒三友图"。如果你是个有心人的话，可以从里面感觉到雪压青松的韵味儿，听到翠竹敲窗的声音，静中有动，声情并茂。

在揽胜阁前有一条船。

船？

没错，不过是一条旱船。它的船头指向"云烟锁钥"的月洞门，就像一艘马上起航的船一样，把游人引向东部的花园。庭前种植了香樟、玉兰这些植物。小院用的笔墨不多，却很能引人入胜。它们衔接自然，为你进入花园起到了绝好的铺垫作用。

铺垫？对啊，因为退思园最美丽的地方我们还没有到。

现在，我们就来到了退思园的花园里。它的中心是水池。在水池的周围是建筑和假山。因为建筑都是贴着水建造的，让水面看起来很有汪洋的感觉，所以退思园又叫做"贴水园"。正如这个名字所说的，退思园里的水和建筑结合得非常好，一眼看过去，仿佛感觉到整个园子浮在水上。这在其他的园林是看不到的。

花园的主要建筑是"退思草堂"。它古朴素雅，稳重气派，点明了花园的主题。堂的北面有一些小的建筑。堂的南面是个露台，临着荷池。如果你调皮一点的话，站在露台上，看过去就可以看到整个院子了！

让我们沿这曲径往南走。这个时候我们会到达菰雨生凉轩。这个轩里有一个绝妙的地方。它的底下有三条水道，所以水汽让轩内阴湿凉爽。如果是夏天的话，我们可以来这里边吃西瓜边赏荷花，真的非常凉快。

从这个凉快的地方穿过假山洞，再往上走，就来到了天桥。这个天桥可不是一个普通的天桥，它被称为江南园林的一绝呢！

退思园有两处船一样的建筑，一个在池中，一个在旱院的中庭。我国古代江南水乡，船是主要的交通工具。园林的石舫、旱船是一种水乡文化的特征。

退思园全园布局十分紧凑，一气呵成，有序幕，有高潮，就像是一首人和自然一起唱的美妙的歌。

佳偶连理——耦园

耦园简介

耦园以前叫"涉园"。它是清朝初年建成的，后来在战争中被毁了。在同治十三年（1874年），一个叫沈秉成的湖州人在家中养病，于是把废园买了下来。当时他想归隐，于是就聘请画家顾沄设计，建造起来后就是现在这个模样，然后把名字改成了"耦园"。耦通偶，配偶的偶，意思是夫妇两个一起归隐。

1876年，耦园建成。沈秉成夫妇在园内一起住了八年，十分恩爱。

耦园，在娄、相二门间的小新桥巷，大约有8 000平方米。

在这座园子里，住宅居中，东西花园分列两边。在花园的北端有一排楼房，用"走马楼"来贯穿。整个园子的布局很巧妙。在这个园子里，黄石假山是主题。它们自然堆叠，位置很恰当。远远地看，它们陡峭峻拔，气象雄浑，是苏州园林黄石假山中成功的一座。

▲ 耦园

耦园的精华所在是东园，山水美丽，周围的建筑呼应主景。整个布局疏密得体，错落有致，随处可见精巧的设计。

西花园环境十分幽雅宁静，像苏州书斋花园。

庭院深几许

说了这么多，朋友们和我一起进去看看吧。

耦园大门是朝南开的，它三面环水。南面是小新桥巷，大门前面是一条河，有一个码头。在河边一条小路笔直地伸展出去，连着西面的人家。北面是小柳枝巷，后门有一个私家码头。东面是内护城河，那里到今天依然有很多船只经过。再往东就是城垣的残迹。野树遮挡住了外面的驳船和市井的嘈杂。

耦园摒弃了世间的纷扰，汇聚了自然的精华，在诗酒联欢、吟风诵月的风流岁月里，在潜心修道、书生意气的自在中，也在鸳梦温暖、两两相随的神仙日子里。如今虽然园主人和他的妻子已经不在了，但是园子的大门依然敞开。门外跨街的石坊上，有砖刻门额"耦园"两个字。一面是隶书，一面是篆书。这是园主人沈秉成孙子的好友、近代书法家周退密先生写的。这两个字古朴、典雅、沉静，与耦园的美丽形成了很好的默契。

耦园的大门的门框是石头的，但是门板不是木头的，而用上等的竹片拼制涂漆而成。在这种原始的建筑风格中，男耕女织、夫妻和谐的生活气息就更加浓厚了。

穿过"平泉小隐"的天井，我们来到轿厅中央。在这里我们可以看到一张耦园的全景图。耦园虽然不大，但是中央部分有明显的南北中轴线。从水码头开始，依次为门厅、轿厅、大厅和楼厅。整个住宅区带有明显的当官人家住宅的特点。这个园子是按照"以楼环园，以水环楼"来安排的。东西花园相互对应，这样也正好和"偶"字相符合。

让我们接着去东花园看一看。

进入东花园就是一座假山。它在城曲草堂楼厅的前面，石块有大有小，手法逼真自然。假山的东半部较大，从厅前的小石径上可以看到山上东侧的平台和西侧的石室。在平台的东面，山势逐渐增高，然后突然成为悬崖绝

壁。悬崖下面是水池，东南有台阶。台阶通往池边。

这里是整个假山最精彩的地方了！

然后往假山的西面走。假山的西半部就较小了，并且坡度也小。慢慢地，假山就结束了。

在假山的东西两半之间有个小道，两侧就像悬崖一样。我们前面已经说了，悬崖下面就是水池。假山与池面的宽度配合适当，空间相称。山上不建亭阁，只是在假山顶和假山后铺土的地方，种植了十余种花木。这些花木可不是随便种的！它们在这里，让假山有了很多自然的风味。池水也随着假山向南伸展。我们看到池子上有桥跨过。往水池中间看，还能看到有一个阁子。这个阁子叫做"山水间"。它隔山和城曲草堂相对，形成了一处非常优美的景区。

这是山水。那么东花园的建筑呢？

▲耦园山水阁

"城曲草堂"就是东花园最重要的建筑。它东面是"双照楼"。可以说，它是看风景最好的地方。

"听橹楼"和"魁星阁"又是两个小楼。中间有个通道连着。

"藤花舫"是一个旱船的造型。

这些建筑都很别致。举例来说，"山水间"里面有一个巨大的"岁寒三友"落地罩子。这个罩子可不是一般的罩子，它采用透雕手法，雕刻得非常精美。再加上它的构图很粗犷，所以能给人一种浑厚大气的美丽。据说这个罩子可是明代的东西！再比如说，"筠廊"的东墙上有个"抢元图"碑。这个碑为什么珍贵呢？原来，它上面的图是著名画家王文治画的，它上面的字是园主人夫妇亲自写的！

西花园比较小，不过也很值得一看。

西花园主要是用太湖石来建造景观，在个体建筑上也有榭廊、筠廊等。而双照楼、听橹楼之间，吾爱亭、望月亭之间等等两两呼应，或东西、或南北、或上下、或明暗、或高低，也很符合"偶"字。

怎么样？这个园子也很精彩吧！

▲ 耦园双照楼

五

中国著名寺观园林

中国第一古刹——洛阳白马寺

白马寺简介

　　洛阳白马寺，在邙山的南面，落水的北面，里面宝塔高耸，殿阁峥嵘，长林古木，肃然幽静。白马寺到底有多少年的历史呢？它在东汉永平十一年（68年）就开始建造了，已经有接近两千年的历史了。它可是佛教传入中国后，官府正式创建的第一座寺院啊。因为它是南亚传来的佛教在我们中华大地传播的第一座菩提道场，所以历来被佛教界称为"释源"和"祖庭"。什么是"释源"呢？就是佛教的发源地。什么是"祖庭"呢？就是祖师的庭院。我们可以看到，白马寺对佛教在中国的传播和发展，对促进各国人民友谊的形成，起了重要的作用。

　　白马寺两千年的历史中，一直存在吗？

　　不是的。董卓在东汉末年火烧洛阳时，白马寺第一次被毁。后来它历经多次重建和被毁，一直到武则天时，由主持薛怀义大兴土木，对它进行修整，使其规模达到了鼎盛。随后白马寺又毁建不断。

　　经过多次重修的白马寺坐北朝南，是一个长方形的院落。它的面积很大，足足有6万平方米左右。在它门前有一个宽阔的广场。

　　我们进到白马寺里面是什么样子呢？

知识链接 ⊙

　　1961年，国务院公布白马寺为第一批全国重点文物保护单位。1983年，国务院又公布白马寺为全国汉传佛教重点寺院。2001年6月2日，白马寺被国家旅游局定为国家4A级旅游景点。

　　进入白马寺，它的主要建筑分布在由南向北的中轴线上。前后有五座大殿，依次为天王殿、大佛殿、大雄宝殿、接引殿、毗卢阁，东西两侧分别有钟、鼓楼，斋堂、客堂、禅堂、祖堂，藏经阁、法宝阁等附属建筑。这些建筑左右对称，布局非常规整。

　　可是，你会问，为什么叫白马寺呢？

　　原来，在山门前有两匹石马，它们高1.8米，身长2.2米，形象温驯，雕工圆润，非常漂亮。

白马寺怎么来的呢

"明月见古寺，林外登高楼。南风开长廊，夏日凉如秋。"这就是唐朝诗人王昌龄笔下的白马寺。在今日，这座千年古刹依然风韵不减。那么，这座古刹是如何创建的呢？我们就来一起看下面这个故事吧。

这个故事的名字叫做"白马驮经"。在东汉永平七年的一天晚上，汉明帝刘庄（刘秀之子）在南宫睡觉，梦见一个身高一丈六、头顶放光的金人从西方而来，绕着宫殿飞。第二天早上，汉明帝就召集大臣，把这个梦告诉了

▲白马寺

▲白马寺齐云塔

大臣们。然后让大臣们解梦。有个大臣叫傅毅，他听了之后说：臣听说，西方有神，人们称这个神为佛。这个佛长的就像您梦到的那样。汉明帝听完，信以为真，于是就派大臣蔡音、秦景等十余人到西域去拜求佛经、佛法。

去西域取经可不是闹着玩的。这可有几千里路。

蔡音等人在永平七年（65年），告别帝都，踏上了"西天取经"的征途。他们在大月氏国（今阿富汗境至中亚一带），遇到了印度的得道高僧摄摩腾、竺法兰。在他们那里，这些使者见到了佛经和释迦牟尼佛白毡像。于是，蔡音等人就诚恳地邀请这二位高僧去中国传教。永平十年（67年），二位印度高僧应邀和东汉使者一道，用白马驮载佛经、佛像同返国都洛阳。汉明帝见到佛经、佛像之后，十分高兴。他对二位高僧极为礼重，亲自接待，并安排他们在鸿胪寺暂住。鸿胪寺就是专门负责外交事务的，相当于"外交部"。但是总不能老是让两个和尚住在外交部吧。于是在永平十一年，汉明帝就下令在洛阳西雍门外三里御道北面兴建僧院。

因为经书是由白马驮来的，所以皇帝就给这个寺庙取名为"白马寺"。"寺"这个字就是来源于鸿胪寺的那个"寺"字，但是自从白马寺修建以来，这个"寺"字便成了中国寺院的一种泛称。

说到白马寺，很多人都会把它和"唐僧取经"的故事联系在一起。可是，这个寺庙真的和"唐僧取经"有关系吗？其实从时间上我们就能看出，白马寺要比"唐僧取经"早560多年了。

白马寺这么有名，和它在中国佛教历史上的多项第一是有密切关系的。

中国第一座古刹是白马寺；中国第一座古塔是洛阳齐云塔；第一次"西天取经"始于洛阳；最早来华的印度僧人禅居于白马寺；最早传入梵文佛经"贝叶经"收藏于白马寺；最早的译经道场是白马寺内的清凉台；第一部汉文佛经《四十二章经》是在白马寺译出的；第一本汉文佛律《僧祇戒心》在白马寺开始翻译；第一场佛、道之争发生于白马寺；第一个汉人和尚朱士行受戒于白马寺。这十项"第一"，我们叫它们"祖庭十古"。正是这"祖庭十古"让洛阳白马寺闻名于中外，而永远记载于中国佛教史册的卷首。

三国圣地——成都武侯祠

武侯祠简介

看过《三国演义》的朋友们一定都知道里面有个特别厉害的人物叫诸葛亮，诸葛亮又叫武侯，武侯祠就是为纪念他而建的。

武侯祠，在四川省成都市南门武侯祠大街。它由刘备、诸葛亮这些蜀汉君臣的祭祀地组成，是中国唯一一个既能祭祀皇帝又能祭祀大臣的地方。

在西晋末的十六国时期，中国版图被割成了很多小国家。有个叫做成汉王李雄的人，统治着四川。当时他把诸葛亮当做"勤劳王事"的典范，于是在城内修建了孔明庙。那是个战火纷飞的年代，不久之后成都城被烧了，可是只有孔明庙幸免于难。

知识链接 ⊙

武侯祠在1961年被公布为全国重点文物保护单位。1984年成立博物馆，2008年被评为首批国家一级博物馆，享有"三国圣地"之美誉。

但是当时的孔明庙只祭祀诸葛亮，并且香火越来越旺，去的人越来越多。那么后来为何又把名字改成了"丞相祠堂"，它又是什么时候迁往南郊的？现在还没有确凿的资料可以考证。

现在的武侯祠是不是就是那个时候传下来的呢？

▲武侯祠

不是的。现存的武侯祠是清康熙十一年重建的。重建的时候，把武侯祠和祭祀刘备的"汉昭烈庙"合并了起来，形成了现存的武侯祠君臣合庙。然而和刘备这个皇帝比起来，人民更喜欢的是当丞相的诸葛亮。于是，清代的工匠就顺应民心，在这个寺庙里，把诸葛亮放在了主要的位置。

锦官城外柏森森

武侯祠里面是什么样子，大家一定很想知道。那就一起去看一看吧。

一进武侯祠的大门，在浓阴丛中矗立了六个大石碑，其中最大的是唐代"蜀汉丞相诸葛武侯祠堂碑"，具有很高的文物价值。它最有名的是在这个碑上的铭文，是唐朝著名宰相裴度写的文章，书法家柳公绰书写的字，然后由名匠鲁建刻上去的。这三个人都是当时艺术领域最优秀的人才，于是这座碑就称为"三绝碑"。碑文高度赞扬了诸葛亮短暂而悲壮的一生，并且竭力赞颂诸葛亮的高风亮节、文治武功。这样是想借赞扬诸葛亮来激励唐代的执政者，让他们像诸葛亮一样高风亮节、亲民勤政。

在这个碑文中，还特别赞扬了诸葛亮公正执法的思想。当时有一个特别有名的将领叫马谡，在一次战争中，他守卫的一个重要地方却被敌人占领了。于是，诸葛亮决定依法斩首他。在临死前，马谡哭着表示自己死而无怨。还有两个叫李严与廖立的人，他们因为犯罪都被诸葛亮削职流放了。可是后来当他们得到诸葛亮病逝的消息之后，痛哭流涕，非常伤心。

诸葛亮之所以为后人所敬仰，还因为他有着高尚的思想和作风。他从不贪污。在他死后，遗嘱里要求靠山造墓地，墓穴能容下棺材就行了。等到入殓时，他也穿着平常的衣服，没有一点随葬品。我估计如果有盗墓贼想去挖诸葛亮的墓，是一定挖不到什么东西的。

上面说的这些都是历史上真实发生的事件。裴度根据这些历史事实所写的碑文特别诚恳，文笔酣畅，使人百读不厌。

在看完这个石碑之后，让我们继续往前走。

这个时候我们到了二门。走过二门，一座气势雄伟、宽敞的刘备殿呈现眼前。在殿中间是刘备的塑像。塑像的左面是他的孙子刘谌的塑像。

为什么他的旁边不是儿子，而是孙子呢？据说，是由于儿子刘禅昏庸无

▲武侯祠静远堂诸葛亮塑像

能，所以他的像在宋、明两代几次被毁后，就没有再塑。

在大殿旁边是偏殿，东面的偏殿是关羽父子和周仓的塑像，西面是张飞祖孙三代的塑像。在偏殿的旁边还有东、西两个廊房，在廊房里分别塑有十四座蜀汉文臣、武将坐像。

诸葛亮的塑像在哪里呢？

不要着急。让我们出了刘备殿，穿过挂有"武侯祠"匾额的过厅，便到了诸葛亮殿。在殿内正中，是诸葛亮头戴纶巾、手执羽扇的贴金塑像。在这个塑像前有三面铜鼓。为什么要在这里放三个铜鼓呢？原来这是诸葛亮带兵南征时制作的，有他自己的特点，人称"诸葛鼓"。这三个鼓可不是简简单单的鼓，它上面的图案花纹非常漂亮，是珍贵的历史文物。

出了诸葛亮殿，再往西就是刘备墓了。刘备的墓在史书上称"惠陵"。

走出惠陵，就到了武侯祠的文物陈列室。这个文物陈列室的名字是由著名的作家郭沫若题写的。在这里有什么东西呢？一件件看去，我们会看到有出土的蜀汉文物复制品，还有很多三国历史图片。在其中还有许多武侯祠的字画、对联。其中最著名的字画有两幅，一幅是宋代爱国名将岳飞书写的《出师表》，另一幅是现代书法家沈尹默书写的《隆中对》。

有机会去的话一定要好好看看这两幅字画才行啊！

看完这两幅珍贵的字画，我们抬起头来，会看到整个展区的整体。这个展厅是由展厅和外环境两部分组成的。外环境由三分桥、神兽天禄、辟邪、汉宫残柱、兵争社稷、残壁石刻《临江仙》、石刻序言等组成。内部的展厅内又分五个展区，分别是战争风云、农桑一瞥、民俗采风、艺林撷英、流风遗韵等。

这么多的展区，一共展出了文物、资料、图片数百件。内容丰富多彩，艺术手法形象直观。

看完陈列是不是有点累了呢？那我们可以顺道去"听鹂馆"参观。那是一座小小的四合院。在那里，我们可以边看美丽的盆景边休息。

枫桥夜泊——苏州寒山寺

寒山寺简介

"月落乌啼霜满天,江枫渔火对愁眠。姑苏城外寒山寺,夜半钟声到客船。"大家对这首著名的诗歌一定不陌生吧!这首千古绝唱把寒山寺推到了世人的面前。写这首诗的人叫张继,当时他考试落榜,正在郁闷万分的时候,寒山寺的钟声使他消除了烦恼,继续寒窗苦读,后来再次到京城应试,结果中了进士。

看吧,苏州寒山寺的钟声竟然能安抚心神,启迪思维,所以人们对它寄托了美好期望。

这座著名的寺庙在哪里呢?

寒山寺在苏州城西阊门外5千米外的枫桥镇,过了枫桥古镇的石板路小巷,或是站在枫桥桥头,你如果抬头望去,就会发现绿树丛中的寒山寺了。

▼寒山寺

寒山寺的历史可悠久了。它建于508年到509年的梁代天监年间，当时名叫"妙利普明塔院"，到了唐朝时才改名叫寒山寺。我们算一算，便知道它已有1 500多年的历史了。

一千多年，寒山寺保存到现在可不容易。其实，在这一千多年里，寒山寺遭遇了很多劫难。

算起来，寒山寺一共遭遇了五次火灾！每次火灾后都重建，我们现在看到的寒山寺是清朝光绪年间重建的。

历史上寒山寺曾是我国十大名寺之一。寺内有很多古迹，有张继诗的石刻碑文，寒山、拾得的石刻像，文徵明、唐伯虎所书的碑文残片等。寺内有很多建筑，主要有大雄宝殿、庑殿（偏殿）、藏经楼、碑廊、钟楼、枫江楼等。

姑苏城外寒山寺

走进寒山寺，迎面而来的就是寒山寺的正殿。这个大殿横着是五间，纵着是四间，高有12.5米。非常雄伟。在殿露台中央，有炉台铜鼎，鼎的正面铸着"一本正经"四个大字，背面有"百炼成钢"四个大字。

这八个字有什么来历吗？"一本正经"不是说一个人很严肃吗？为什么会出现在寺庙的鼎上呢？原来，这里包含着一个宗教传说：有一次中国的僧人和道士起了纷争，较量看谁的经典耐得住火烧。佛教徒把《金刚经》放入铜鼎火中，经书竟然安然无损。为了颂赞这段往事，就在鼎上刻此八字来纪念。"一本正经"说的就是《金刚经》了。

看完这几个字，再抬头看，就会发现殿上高悬着一个"大雄宝殿"匾额。往里走，会看到殿内庭柱上悬挂着赵朴初撰书的楹联："千余年佛土庄严，姑苏城外寒山寺；百八杵人心警悟，阎浮夜半海潮音。"

在楹联中间，是高大的释迦牟尼佛的金身佛像，慈眉善目，神态安详。他的底座叫做须弥座，是用汉白玉雕琢砌筑的，非常晶莹洁白。此外，在殿上还有明代成化年间铸造的十八尊精铁鎏金罗汉像。这十八罗汉原来可不是寒山寺的，而是从佛教圣地五台山搬到这里的。

这些供奉的塑像，和其他寺庙里的差不多。但是，寒山寺的特别之处是它佛像背后的东西。

与别处寺庙不同，寒山寺大殿中的佛像背后，是唐代寒山、拾得两个和尚的石刻画像。这幅画是清代扬州八怪之一罗聘画的，用笔大胆粗犷、线条流畅。在这幅画中，寒山右手指地，谈笑风生；拾得袒胸露腹，欢愉静听。两人都是披头散发，憨态可掬。

看完大殿，我们继续往前走。

寒山寺里比较有特色的是寒拾殿，它位于藏经楼内。因为是藏经楼，所以楼的屋脊上雕饰着《西游记》人物故事，是唐僧师徒从西天取得真经而归的形象。这个"取经"的主题与藏经楼的含义十分贴切。

我们前面已经看到了寒山、拾得二人的画像，那么，我们在这里还会

▲寒山寺大雄宝殿

看到两个人的塑像。寒山执一荷枝，拾得捧一净瓶，披衣袒胸，作嬉笑逗乐状，显得喜庆活泼。

我们也许很纳闷，寒山、拾得这两个和尚有什么好的呢？为什么寒山寺里有他们的画像，还有他们的塑像呢？

原来，相传寒山、拾得是文殊、普贤两位菩萨转世，后来又被皇帝敕封为和合二仙，是祥和吉庆的象征。寒山与拾得都喜欢吟诗唱偈。寒山有《寒山子诗集》存世，诗风朴素自然，通俗易懂，有"家有寒山诗，胜汝看经卷"的说法。后人看到寒山有诗集，于是开始收集拾得的诗，后来收集到一些，附在了《寒山子诗集》的后面。

在寒山、拾得塑像的背后，是嵌有千手观音的画像石刻。在这个千手观音上面，有清代乾隆年间苏州状元石韫玉的篆书"现千手眼"。

看完千手观音，往殿内左右看去，会看到南宋书法家张即之写的《金刚班诺波罗密经》，刻在27块石头上。这部《金刚经》是他为了纪念他去世的父亲而写的，书法苍劲古拙，透出英武刚烈之气。后面还有董其昌、毕懋康、林则徐、俞樾等人的题跋共十一块石头，神采纷呈，各有千秋。

咦，看到这么多大殿了，为什么没有看到那个"夜半钟声"的钟呢？

不要着急，让我们出藏经楼，往南边走，这时会看到一座六角形的重檐亭阁。没错，那个"夜半钟声"的钟，就放在这里。

说到这里，不得不说一个小插曲。原来，张继写的"夜半钟声到客船"，北宋的欧阳修却认为，夜半怎么会有和尚撞钟呢？可是南宋的范成大在《吴郡志》中，考证说吴中地区的僧寺，的确有半夜鸣钟的习俗，谓之"定夜钟"。像白居易的诗："新秋松影下，半夜钟声后。"像于鹄的诗："定知别后宫中伴，应听缑山半夜钟。"又比如温庭筠的诗："悠然旅思频回首，无复松窗半夜钟。"都是唐代诗人在各地听到的半夜钟声。从此之后，对夜半会不会撞钟的怀疑才渐渐平息下来。

当然，一千多年过去了，现在寒山寺里的古钟已经不是张继诗中所提及的那口唐钟了。那口钟后来坏掉了，到了明代嘉靖年间修补了一番。可是现在，连修好的那个钟也已不知下落。有人说当时因为日本海盗总是骚扰中国沿海，为了抗击他们，把那个钟销熔改铸成大炮了。另一个说法是说那口钟已流入日本。康有为写过一首诗，说："钟声已渡海云东，冷尽寒山古寺枫。"日本国听到这个说法后，大力搜寻这个钟，但是徒劳无功。于是到现在我们还不知道那口钟到底去了哪里。

现在的大钟是清光绪三十二年(1906年)江苏巡抚陈葵龙建造的。这个钟特别大，有一人多高，外围需三人合抱，重达两吨。撞击一下，声音非常洪亮，传得很远。

俗话说，当一天和尚撞一天钟。那撞钟要撞多少下呢？

108下！

为什么要这么多呢？这里有两个说法。第一个说法，说每年有12个月、24节气、72候（五天为一候），相加正好是108。敲钟108下，表示一年的终结，有除旧迎新的意思。第二个说法，是佛教传说里的，说一般的人在一年中要有108种烦恼。钟响108次，人的108种烦恼就没有了。

因为寒山寺的钟声有名，所以每年除夕之夜，中外游人都会云集寒山寺，聆听钟楼中发出的108响钟声。他们在悠扬的钟声中辞旧迎新，祈祷平安。

寒山寺的典故传说

◆布袋和尚的传说

布袋和尚的名字叫契此，号长汀子。他可不是人们编造的，历史上真的有这样一个和尚。他是五代时后梁的高僧。人们传说他非常胖，平时喜欢笑，说话不知道在说什么，做事情也很随便，就像疯子一样。那他为什么叫布袋和尚呢？

原来，这个和尚平时常常背着一个布袋到市场上去，向别人乞讨。无论别人给他什么，他都把这些东西装进大布袋。可是无论装多少，始终像变魔术一样，永远也装不满。

人们很纳闷，他就在大庭广众之下，把袋子里的东西倒在地，然后说："看、看、看！"说完哈哈一笑，把东西收回袋内。

有一天，他坐在浙江奉化岳林寺东廊的石头上，说道："弥勒真弥勒，分身百千亿，时时示世人，世人总不识。"

说完这句话，他就圆寂了（高僧去世叫圆寂）。人们恍然大悟，认为他就是弥勒菩萨变的。所以从北宋开始，人们就画或塑造他的形象，供奉在天王殿中，还给他起了个特别好玩的名字，叫"大肚弥勒"。有的还让他带着那个"布袋"。

我们现在经常会在佛寺中看到笑口常开、袒腹露胸的弥勒菩萨像，就是从这里来的。

◆枫桥的传说

一座寺院里只能有一个当家和尚。寒山和拾得两位高僧在一座庙里，谁作住持好呢?两位高僧都很客气，推来推去，毫无结果。这座庙里只有他两个和尚的时候，还不要紧，等到陆陆续续招了一批小和尚进来，就有问题了。

小和尚问："老和尚，今天念哪本经呀？"寒山说："应该先问拾得师父。"小和尚就去问拾得，拾得说："还是应当问寒山师父。"他们互相尊重，却苦了小和尚。如怎么招待香客呀，买多少香油呀，派谁去拾柴呀等等，这些问题小和尚都不知道怎么办。于是他们就有意见了，叽叽咕咕地说悄悄话埋怨。小和尚的话传到寒山、拾得的耳朵里，两个人又商量起来，推来推去，还是毫无结果。

那怎么办呢？

正在这时，走来一个老农妇，说："两位师父不要谦让了，我来给你们出

▲布袋和尚

个主意吧。你们比比本事，本事大的做当家和尚，这样最公平。"寒山、拾得一听，是个办法。不过，比什么呢？农妇指着庙前一条河，说，这条河上缺座桥，乡里乡亲来来往往靠渡河，又不方便又危险，请你们施展法术，变座桥出来，哪个变得出来就是哪个本事大。

大家都知道，出家人不打诳言。所以，不怕寒山、拾得隐瞒法术。拾得先来，他施展法术，把身上的僧衣一脱，往河面一抛，就变做了一个桥面。可惜，这个桥面没有桥架支撑，一阵风吹来，眼看就要把它刮塌了。这个时候，寒山将手中的禅杖往河边一插，运起法术，禅杖顿时变成一棵树，树朝

▲寒山寺枫桥夜泊

对岸一铺，一座桥就稳稳当当卧在了河面上。

老农妇看完之后，微微一笑，说："还是寒山本事大些。"说着把一块手帕朝脚前一抛，手帕化做一朵莲花，她踩着莲花就升到了空中。寒山、拾得抬头一看，老农妇原来是观音变的。既然观音说寒山的本事大，那寒山只好做当家和尚了，那座庙也就叫做"寒山寺"了。

这和枫桥有什么关系呢？

原来，寒山那根禅杖是用枫树削成的，那座桥自然就被称作"枫桥"了。

◆寒山寺照壁墙石刻

什么是照壁？就是正对着大门口树立的那一面墙。

寒山寺的照壁上有三个青石，上面刻着"寒山寺"三个字，铁划银钩，笔力雄峻，下面的落款是"东湖陶濬宣书"。

知识链接 ✓

陶濬宣（1849—1915年）原名祖望，字心云，号稷山居士，是浙江会稽（今绍兴）陶堰人。光绪二年（1876年），他考中了举人，写文章很好，画画也很好，做过广东广雅书院山长。当时他写了这三个字之后，找到了江南有名的刻石高手周容。周容（公元1882—1951年），字梅谷，江苏长洲县（今苏州）人。他是书画篆刻大师吴昌硕的入室弟子，刻的东西非常精美。他雕刻了"寒山寺"，刻得非常成功，可以说是他而立之年的力作，深入浅出，神韵俱足。

这三方题字刻石原来是在寺内回廊壁间。但是后来，这三方石碑不见了影踪。此后近二十年间都找不到它们。直到1954年整修寒山寺时，工人们在藏经楼后面的地下发现了这三块刻石。当时的苏州市园林整修委员会觉得山门前过于空旷，于是建议建造一个照墙，这样会好看一点。于是工人们就将这三方石碑放入了新建的影壁之上，成为寒山寺醒目的标志。

仙灵所隐——杭州灵隐寺

灵隐寺简介

灵隐寺又叫做云林寺，它位于浙江省杭州市西湖的西北面，在飞来峰与北高峰之间的灵隐山里。在灵隐寺的周围，两峰挟峙，林木耸秀。灵隐寺是江南著名的古刹之一，也是我国著名的佛教寺院。

灵隐寺创建于东晋咸和元年（326年），距今已经有1 600多年的历史。

灵隐寺的创立，和一个外国人有关系。326年，有一个印度的僧人叫做慧理，他万里迢迢来到了杭州，看到这里山峰奇秀，很有灵气。因为"佛在世日，多为仙灵所隐"，于是他就想在这里隐居。于是，他就在这里建立了寺庙，取名"灵隐"。

但是，这个名字是"灵隐"的寺庙，它门上的匾额一开始却不是灵隐寺。

一开始的山门上的匾额的题名是"绝胜觉场"，一直到了北宋景德四年（1007年）才改题为"景德灵隐禅寺"。明朝后一直名为"灵隐禅寺"，一直沿用至今。

灵隐寺为什么又叫云林寺呢？

传说在清康熙二十八年，康熙皇帝南巡到杭州。有一天，康熙喝得酩酊大醉，一路游到灵隐。寺庙住持和尚知道这位皇帝喜欢做诗题字，于是就提出想让康熙重题一块寺名的请求。康熙满口答应。可是他当时喝的太醉了，于是，落笔太重，把"靈"（灵的繁体字）字上半截的"雨"字头写得太大，下半截的三个"口"和一个"巫"字，再也写不下去。康熙一慌，急得汗如雨下，酒都醒了。正在为难的时候，旁边有位大学士急中生智，在手掌心上写了"雲林"二字，然后假装磨墨，向皇帝暗示，康熙也就随机应变，把"靈"字写作了"雲"字，于是"灵隐寺"也就变成"云林寺"。

灵隐寺在1600年里可以说是经历了重重磨难。

▲灵隐寺

　　这座寺庙毁坏过13次，也就重建了13次。现在的殿宇，是19世纪重建的。我们现在如果去灵隐寺玩的话，主要能去看的建筑有天王殿、大雄宝殿、药师殿和云林藏室等。

灵隐寺的雄奇景观

　　灵隐寺里有三大主要景观：三大殿、飞来峰、玉乳洞。

　　首先让我们先来游览一下三大殿吧。

　　灵隐寺内有一条直道，依次贯通着天王殿、大雄宝殿、药师殿。

天王殿里正对着山门的地方供奉的是弥勒佛像，他袒胸露腹，坐在蒲团上，笑容可掬。背对山门的地方供奉的是佛教护法神韦驮的雕像，高2.5米，头戴金盔，身裹甲胄，神采奕奕。这尊雕像可不是一般的雕像，它是用香樟木雕造的，并且是南宋留存至今的珍贵遗物。在天王殿两侧是四大天王的彩色塑像，高8米，个个身披重甲。其中两个形态威武，两个神色和善。我们平时把这四个天王叫做四大金刚。

走过天王殿，就是大雄宝殿。这个殿堂有三叠重檐，重檐高33.6米，十分雄伟。在大殿的正中是一座高24.8米的释迦牟尼莲花坐像，造像妙相庄严、气韵生动，颔首俯视，令人景仰。这座释迦牟尼的坐像，可是我国最高大的木雕坐式佛像之一，是一件不可多得的宗教艺术作品。

往正殿两边看，是二十诸天立像。往殿后面看，两边是十二圆觉的坐像。

在大殿的后壁上还有塑像。它们是"慈航普度"、"五十三参"的海岛立体群塑，上面一共有佛像150尊。正中是鳌鱼观音立像，手执净水瓶，普渡众生。在观音的下面，是善财童子和那些参拜观音的人。在观音的两侧，是弟子善财与龙女。再往上看，是释迦牟尼雪山修道的场景，在一片雪山中，白猿献果、麋鹿献乳的故事被生动地表现了出来。整座塑像造型生动，很有艺术价值。

天王殿的后面是药师殿。这个大殿和前两个殿不一样，它是近几年重建的。它里面是不是也有很多塑像呢？

没错，在它中间是药师佛像和日光天子、月光天子。在它左面的罗汉堂中，陈列着五百罗汉线刻石像。

在这里，你可以感觉到巍巍殿宇，森森古木，还伴随着一批珍贵文物古迹。

天王殿前左右各有石经幢一座。两经幢都有《天下兵马大元帅吴越国王建，时大宋开宝二年己巳岁闰五月》的题记。大雄宝殿前月台两侧各有一座八角九层仿木结构石塔，有7米高，塔的每一面都雕刻精美。古建筑专家梁思成生前考定，这两个石塔是吴越末年雕琢的，据说建于969年，已经有1 000多年的历史了。

除了这些之外，灵隐寺珍藏的佛教文物，还有古代贝叶经、东魏镏金佛像、明董其昌写本《金刚经》、清雍正木刻本龙藏等等。

下面我们再来看一下飞来峰。

为什么叫"飞来峰"？原来这里有一个故事。

有一天，灵隐寺的济公和尚突然心血来潮，预测出有一座山峰就要从远处飞来。那时，灵隐寺前是个村庄，济公怕飞来的山峰压死人，就奔进村里劝大家赶快离开。村里人因为平时看惯济公疯疯巅巅，爱捉弄人，以为这次又是寻大家的开心，因此谁也没有听他的话。眼看山峰就要飞来，济公急了，就冲进一户娶新娘的人家，背起正在拜堂的新娘子就跑。村人见和尚抢新娘，就都呼喊着追了出来。人们正追着，忽听风声呼呼，天昏地暗，"轰隆隆"一声，一座山峰飞到了灵隐寺前，把整个村庄都压在了下面。这时，人们才明白济公抢新娘是为了让大家追他，避开这个灭顶之灾了。于是，后来人们就把这座山峰称为"飞来峰"了。

▲飞来峰

飞来峰不仅风景美，而且是我国南方古代石窟艺术重要地区之一。

飞来峰中有很多洞穴，其中青林洞、玉乳洞、龙泓洞、射阳洞以及沿溪涧的悬崖峭壁上，有五代至宋、元年间的石刻造像330余尊。其中最引人注目的，要数那喜笑颜开、袒胸露腹的弥勒佛了。那个弥勒佛是宋代的作品，不但雕刻非常精美，而且是飞来峰中最大的雕像，因此，具有很高的艺术价值。

最后，我们再来看一下飞来峰中最有名的玉乳洞吧。

在玉乳洞的深处，有一个石头铺的路，这条路可通往另外一个洞穴。因此玉乳洞又名通天洞。在洞的内壁上，有一尊天冠观音，造型和其他观音不一样，非常奇特，所以也很受游客的喜欢。

过了通天洞，再往前走就是一线天了。为什么叫一线天呢？是因为在其中抬头，只能在石缝中见到一线天光，所以叫做一线天。

一线天前面就是冷泉。过了冷泉，往北高峰的半山腰上有韬光金莲池，是杭州的第四名泉。

大江东去，佛法西来——乐山凌云寺

凌云寺简介

看这个名字就知道，这个寺庙一定建得很高。

没错，凌云寺坐落在凌云山之上。它位于乐山市郊，在岷江、青衣江、大渡河三条河流的汇流处，和乐山城隔江相望。

凌云寺的寺门高居，飞檐凌空，红墙碧瓦，巍峨壮观。在寺门的正中，高悬着一个巨大的金匾，上面用的是苏东坡的书法，写着"凌云禅院"四个字。两旁联文是"大江东去，佛法西来"。

这个对联历来被人们称赞，因为它言简意赅，读起来既让人有佛法庄严的感觉，又表明了凌云寺所踞地理位置是在三条大江的上面，并且还巧妙地将"大佛"两字嵌于其中，显示了这座千年古刹的不凡气势。

唐开元初年（713年）开凿佛像时，这座寺庙又有了扩建。根据《方舆胜览》里的记载，"会昌前，峰各有寺"。会昌是唐朝的年号，可见在唐朝前段，修了很多的寺庙。但到了会昌的四、五年间，由于唐武宗李炎不喜欢佛教，认为僧人不劳动，只白吃饭，所以下令灭佛。

当时他下令之后，这里的寺庙几乎全部被拆了，只是凌云山的寺庙因为太美丽，所以被保存了下来。唐代大诗人岑参在《登嘉州凌云寺》一诗里，曾这样描写凌云寺："寺出飞鸟外，青峰载朱楼。"

可惜的是，我们今天所看到的寺庙，已经不是唐代的原貌了。唐代建造的凌云寺，早在元朝的时候，就在战争中毁掉了。到了明代，进行了两次较大修复。可是刚刚修好，到了明代末年，又被毁掉了。现存的凌云寺是清康熙六年（1667年）重新修建的。以后又经过了多次修葺，尤其是新中国成立后不断维修，成了现在这个样子。

凌云寺可不只是在外面看着漂亮，走进去游览，你会发现别有洞天。

凌云寺是由天王殿、大雄宝殿、藏经楼组成的三重建筑。在寺庙中，丹墙碧瓦，绿树掩映。天王殿前是一棵上了千年岁数的楠树。在殿外两侧分列

▲凌云寺藏经楼

有四座明清两代重修寺宇的碑记。走进殿内，正中的塑像是弥勒坐像。弥勒佛咧嘴大笑，肚子特别大，所以大家叫他"大肚罗汉"。在弥勒佛的两旁分列着四大天王的塑像。他们攒眉怒目，威武雄壮。天王殿后是韦驮殿，供奉着木雕装金的护法神韦驮。

穿过天王殿，是明代的建筑大雄宝殿。这里是僧众举行宗教活动的主要场所。在大雄宝殿的正中，我们可以看到端坐着的释迦牟尼三身像（今身、应身、报身），造型优美，神态庄重。再往两边看去，就会发现两旁分列着十八罗汉，神形各异，栩栩如生。大雄宝殿背面是新塑的净瓶观音，两边分列文殊、普贤、地藏和大势至四菩萨像。他们历史都非常悠久，都是明代以前的作品。

走过大雄宝殿，就到了寺内最后一重殿，也就是藏经楼。之所以是藏经楼，就是因为它原来是寺内收藏佛教经卷的地方。这个宫殿是1930年新建的。从它的结构和外形能够看出来它是最近新建的，因为有着近代的建筑风格。但是这种建筑风格在寺庙中却别具一格，并且另有一番情趣。

在藏经楼下还新建了"海师堂"，里面塑有大佛建造者海通法师、章仇兼琼、韦皋的全身像，用来寄托后人对他们的敬仰之情。

除了这些建筑，如果我们现在去凌云寺的话，还可以去游览"乐山大佛陈列馆"。在那个陈列馆内，陈列着大量的实物、文献、图片和模型，展示了乐山大佛90年建造史和历代保护维修史。从那些展品中，我们会深刻感受到乐山大佛的魅力所在。

凌云寺与乐山大佛

传说唐朝初年，凌云山上有一座凌云寺。凌云寺里有一个老和尚，叫海通。我们知道凌云山下是岷江、青衣江、大渡河三江汇流处，水深流急，波涌浪翻，船行驶到这里非常危险。海通和尚慈悲为怀，眼看着船毁人亡，觉得非常伤心。他想，三江水势这样猖獗，水里肯定有水怪。要是能在这岩石上刻造佛像，借着菩萨的法力，一定能降服水怪，使来往船只不再受害。

于是他就请了两个有名的石匠来商量刻佛像的事。这两个石匠一个叫石诚，一个叫石虚。三人商议之后，决定一个石匠刻大佛，另一个刻千佛。商议完之后，海通和尚就出外化缘去了。

石诚、石虚两人就各自雕琢佛像。石虚选择了那些最显眼的，石头不太坚硬的沿江一片红砂岩，开始雕琢起来。他刻了释迦牟尼得道成佛，又刻了南海观音慈航普渡，刻了十八罗汉降龙伏虎，又刻了普贤菩萨指点迷途。只听凿子响，石片飞，他刻了一尊又一尊。刻了两年，眼看就要刻完了。

石诚却选择了一块又高又难走又硬的大岩石。他和徒弟们在山岩上搭建了架子，攀着岩石，开始雕琢大佛。石虚的千手佛刻完了，而石诚的大佛连一只脚也没有刻完，石虚讥讽地说："我两年刻了千尊佛，你两年还没刻完大佛的一只脚。"石诚毫不气馁地说："你千尊佛，抵不上我大佛的一只脚。"说完又继续雕琢起来。

老和尚化缘回来，还请了许多刻像的能工巧匠，让他们和石诚一起雕琢大佛。附近的老百姓听说老和尚请人来雕琢大佛镇压三江水怪，也纷纷来帮忙。有的烧茶，有的送饭，一时之间，凌云岩上人来人往，锤声如雷，岩片似雨。

住在岩下深潭里的水怪，每天被岩上的石块打得胆战心惊。它眼看巢穴快要被填平了，就涌起了巨浪，想把工人们从岩石上卷到水里淹死。石工们看到怪物从水里出来，就纷纷捡起岩上的石块向它打去。岩石像冰雹一样，不一会儿，就把水怪埋葬在乱石堆里了。从此大佛岩下，风平浪静，而大佛的样子也一天天显露出来。

可是，事情进行得不是很顺利。

这时有个官吏，爱财如命。他听说老和尚从外地化了许多银两，就打起了坏主意。有一天，他带着几个官兵来到凌云寺，对老和尚说："胆大的和尚，你修建大佛，不先报官立案，目无王法，罚你银两一万两，限三天交齐。"

老和尚说："大人，修建大佛是为了镇压三江水怪，解除百姓苦难，这银两是我化缘来修建大佛的，不能动啊！"

那官吏见老和尚不答应，就恐吓说："要是不交钱，就剜去你的眼睛。"他以为老和尚害怕剜眼睛，就会交银两，谁知话刚说完，老和尚面不改色地说："我宁愿把眼睛剜去，也不能动修建大佛的钱！"说完，就自己

▼乐山大佛

剜去双眼，端在盘子里向那官吏走去。

　　那官吏见老和尚真的剜去双眼，吓得不停后退。谁知一时忘记了身后是悬崖，一下子摔死了。这时，那一双眼睛又飞回老和尚的眼眶里。那些贪官见了，再也不敢去敲诈老和尚的钱了。

　　后来，老和尚生病快要死了，但大佛还没有完工。他把几个弟子和石工们叫到床前："我可能看不到大佛完工了。我死以后，你们要继续建造大佛。"

　　不久，石诚也死了，他的徒弟们仍旧在雕琢大佛。就这样一代接着一代，经过了90年，大佛终于建成了。

　　因为这座石刻大佛是天下最大的佛像，所以人们就叫它大佛，又叫它乐山大佛。大佛旁边的那座凌云寺，也改名叫大佛寺了。

福建寺庙之冠——福建涌泉寺

涌泉寺简介

在福州市鼓山山腰处有一座古刹，名叫涌泉寺。它建在海拔445米的山腰处，面临着香炉峰，背对着白云峰，是福建最有名的寺庙景观。

为什么叫做"涌泉寺"呢？据说是因为寺前有一股泉水涌出地面，所以给这个寺庙起名叫做"涌泉"。

现在的涌泉寺，基本上保持了明代嘉靖年间的布局和明、清两代的建筑物。沿着中间那条路去看，天王殿、大雄宝殿、法堂一线贯穿，两侧是其他殿堂楼阁。细细算的话，有大小殿堂25个。这些殿堂占地16 650平方米，气势非常宏伟。

知识链接 ⊙

涌泉寺的历史很悠久了。它是在五代后梁开平年间建造的，一开始的名字很奇怪，叫做"国师馆"。到了宋朝的时候，皇帝赐名叫做"白云峰涌泉禅院"。到了明朝永乐五年（1407年），又被赐名为"涌泉寺"。清朝康熙三十八年（1699年），康熙皇帝写了"涌泉寺"三个大字，并且御制匾额，赐给了这座寺庙。

▲涌泉寺

品读涌泉寺

涌泉寺的主要建筑有天王殿、大雄宝殿、法堂。走进天王殿，迎面坐着的是弥勒佛。弥勒佛又叫"欢喜佛"，因为他每天都乐呵呵的张着嘴巴。在弥勒佛旁边，是一副有趣的对联："日日携空布袋，少米无钱，却剩得大肚宽肠，不知众檀越信心时用何物供奉；年年坐冷山门，接张待李，总见他欢天喜地，请问这头陀得意处有什么来由？"他为什么要一直乐呵呵地笑呢？原来，他姿态安详，终日嬉笑，是一种对未来极乐世界的象征。而他手提着的那个空布袋，意思是要求取施舍。因为他总是提着那个大布袋，所以他也

▲涌泉寺天王殿

叫"布袋佛"。

往殿的两边看去，是四大天王。据说他们是佛教寺院内东西南北四面天的保卫者。把它们放在一起，就象征了"风调雨顺，国泰民安"。

往后看去，在弥勒佛像背后，站立着一尊韦陀菩萨。

我们经常会提到韦陀菩萨。他到底是何方神圣？为什么总是被供奉呢？

原来，在佛家的传说里，他是护法天神。据说佛祖的舍利子被魔王劫走时，就是他去追回的。他行走如风，神速无比，所以也被叫做"善走之神"。他十分勇敢，忠实地护卫着寺院的安全。

欣赏完天王殿，接着往后游览。

在天王殿的后面有一个大天井，天井上方刻着"石鼓名山"四个字。这四个字是清乾隆年间福州郡守李拔写的。天井中央的水池里是纯净的山泉，比我们买的矿泉水还要纯洁。它清澈见底，十分漂亮。在水池上卧着的那座小桥，叫做石卷桥。这座桥的历史也很悠久，是一千年前砌成的。

在天井两角你会发现有一对儿圆形铁杆，杆尖非常高。它们是做什么用的呢？

原来，每当寺院举行重大佛事活动时，就会用它来挂佛幛、佛幡之类的旗子。同时它还起着避雷的作用。这对铁杆是1927年马尾船政局捐造的。

天井两边的建筑就是钟鼓楼。这两个楼是明崇祯六年（1633年）建造的，1936年又重建。钟楼保存着一口清康熙三十五年（1696年）铸造的大钟，重约两吨，以铜为主，熔入了少量金、银、铁、铝，可以说是一口合金钟。在它的表面铸的是佛号和《金刚班诺波罗密经》全文，共有6 000多个汉字。所以这口大钟又被称作"金刚般若钟"。走出钟楼，抬头看会发现楼旁石柱有一副对联："百入晓撞潮声迭送；亿千恒觉梵呗同宣。"

下了钟楼，再去鼓楼上看一看。

在鼓楼上有一只大鼓，直径达1.8米。这张大鼓是用两大张牛皮蒙制而成的。在寺院里，有一个规矩是"晨钟暮鼓"，意思就是早晨敲钟，傍晚击鼓。除此之外，每当举行重大佛事活动时，也会击鼓鸣钟，来表示这次活动的隆重性。

在这里还有一个殿堂叫做泰昌堂，里面供奉的是涌泉寺开山祖师——神晏法师。祖师殿供奉着菩提达摩祖师。

说到达摩祖师，他可是一位响当当的人物。他生活在南北朝时期，是印度著名的佛教高僧。最重要的是，他是第一个远涉重洋来到我国传授佛经的禅宗僧人。

逛完了钟楼和鼓楼，你也许会问，涌泉寺还没游完吗？

当然没有！

接下去才是涌泉寺的中心——大雄宝殿。

大雄宝殿是佛教主要的活动场所。走进这个宫殿，首先看到的就是它供奉的三世佛。佛像高二丈，三尊并列，代表着过去、现在和未来。佛的两边有两尊立像。年老的那个是"迦叶尊者"，中年的那个是"阿难尊者"。

绕过三世佛，在后面会看到清朝康熙年间铸造的弥陀佛、观世音和大势至三尊铁像。这三尊铁像每尊都重约1 150千克，保存十分完好。

看完这些佛像，抬头望去，在大殿的仰板上我们会看到清光绪八年（1882年）绘制的具有佛教色彩的图案。这些图案总共242块。其中各种神龙图案有129块、丹顶鹤图案有86块，还有象征吉利的象、麒麟以及与佛教发展有关的白马、猴等图案27块。

大雄宝殿既是寺院举行重要佛事活动的场所，又是用来日常诵经讲课的地方。殿内佛像前两旁有一对用铜造的小男孩儿，他们穿着红兜肚，满面笑容，天真活泼。

这两个小男孩儿是谁呢？为什么会被供奉在佛殿里呢？

原来这是福州的风俗。他们是福州地区民间吉祥的化身，是在1935年由一位福州工匠铸造的。

再细看殿内两边的十八罗汉塑像。他们是清顺治四年（1647年）雕塑的。现在我们到寺庙去看，都是十八罗汉。但是，当佛教传入我国时，可不是这个数量。据说当时只有十六罗汉。那为什么最后成了十八个呢？

原来，在宋代以后，中国佛教界为了丰富自己的崇拜偶像，就将中国民间广为传颂的降龙、伏虎二位放入了罗汉的队伍中。这样，中国就有了十八个罗汉。

在这里的十八罗汉造型生动，各具特色，神态各异，看上去非常赏心悦目。

再看释迦牟尼三世佛的背后。这里供的是西方极乐世界的三圣立像。别小看这三圣立像，他们可是用当时最先进的蜡模铸造工艺铸成的铁佛。这些铁塑像每尊重1 000多千克，比15个成年人都要重。塑造好之后，还要在他们的表面贴上金膜。

这三尊铁佛都是谁呢？

下面我们就认识一下他们吧：左边的是观世音菩萨、中间的是弥陀接引佛、右边的是大势至菩萨。弥陀接引佛就是南天阿弥陀佛。

在"三圣立像"下有一张桌子，这张桌子是"镇寺三宝"之一。为什么一张桌子能成为镇寺之宝呢？

这可不是张普通的桌子，它是由鸡丝木(也称铁木)制成的。史书上说，供桌是康熙丙午年间（1666年）海外华侨弟子捐赠的。它入水即沉，遇阴则潮，遇晴渐干，可以作为寺里的晴雨表来使用。

在桌子的两旁，是另外两个塑像，他们是骑着虬首仙青毛狮的文殊菩萨和骑着灵乐仙白象的普贤菩萨。

寺庙的住持住哪里呢？

当然是方丈室了。下面就去那个地方看一看吧。

涌泉寺的方丈室又称"圣箭堂"。传说当年闽王到雪峰请义存法师来这里当住持时，义存不能脱身。于是他就推荐了自己的高徒神晏代替。神晏离开雪峰时，义存法师依依不舍，他认为神晏这次离开一定能干出一番大事业。于是他就自豪地对众僧说："一支圣箭，直射九重城去了。"因为这个传说，所以涌泉寺的方丈室就被叫做"圣箭堂"了。

在方丈室前的天井中栽有三株铁树，左右两株特别粗大，是雌树。传说这两株里面有一株是涌泉寺的开山祖师神晏种植的，外面的一株是五代闽王王审知种植的，已有一千多年的历史了。中间一株为雄树，也有几百年的历史了。它本来不在这里，是从别的地方移植过来的。

大家可能听过一个成语，叫"铁树开花"，来形容不可能发生的事情。可是近年来这三株铁树年年开花。黄色的花像绒球一样，被视为奇观。

还有一个地方也很有意思，那就是涌泉寺的厨房。在那里有四口铜铁合铸的巨锅，最大的一口直径167厘米，深80厘米。这有多大呢？它一次煮的大

米够1 000个人吃的！

在厨房的阶前还有几个供洗涤的大石槽，是950年前的历史文物。

出了大雄宝殿，从旁边再往上走，就是最后的殿堂了。它叫做法堂，又被叫做圆通宝殿。在法堂的正中供奉一尊汉白玉的玉佛。它可是进口的。它是从缅甸运来的，重三吨左右。

玉佛的后面供奉着汉白玉的千手观音，非常漂亮。玉佛的两侧是二十四诸天相的塑像。

涌泉寺的传奇来历

说起涌泉寺的来历，有一个非常好玩的故事。

传说很久之前，鼓山不叫鼓山，叫白云峰。在山上住着不少人家，男耕女织，日子过得安闲自在。可是，有一天突然来了一条恶龙，经常出来害人。

后来有一对年轻夫妇，练成了一身好武艺，将恶龙打得左翻右滚，乡亲们也拿起锄头赶来助战，恶龙见势不妙，便张开血盆大口，从大鼻孔里喷出两道毒气。人们纷纷中毒晕死过去，就在这时，那个妻子生下一个男孩。正当毒龙准备猛扑过去时，突然天外传来一声高喊："毒龙休得作孽！"

怎么回事呢？

原来是观音菩萨显灵。恶龙当然害怕观音菩萨了，于是它连忙抖了抖尾巴逃跑了。观音便把这个小孩带回了南海。十年后，观音把小孩送到了雪峰寺。23年过去了，小孩皈依佛门，法号神晏。33岁，神晏遵照观音吩咐，回到老家，在白云峰又修建了一座庙。

神晏到了白云峰，满眼尽是荒山秃岭。在他登上山头的时候，忽然一阵风刮过，山上岩石咚咚作响，就像打鼓一样。于是，白云峰被改称为鼓山了。神晏多次在此建庙，都被山上涌出来的泉水冲垮了。他非常奇怪，但是为了遵守观音的命令，只能向土地爷问清楚。

土地爷说："这是因为一条妖龙占地为王，兴妖作怪，不让您在这里建庙。"神晏知道后决定驱赶恶龙。想不到恶龙不知好歹，竟与神晏进行一场恶斗。

双方大斗三百回合，但是不分胜负。神晏心想，既然用武力制服不了，就应该智斗。他跳出战斗圈，大喝道："恶龙住手，你不肯让地，我也不勉强，你能不能把地暂借给我一用？我只借一个晚上，三更借地，五更还。"

恶龙这时候也很累了，听说只是借地一个晚上，便以为无关紧要，于是一口答应了。恶龙对神晏说："和尚言出，必要守信啊。那我去睡了。"神晏说："出家人不打诳语，你去睡吧，听到打五更，你醒来，我就还地。"

妖龙非常累，于是它真的睡着了，神晏马上派人动工建庙，并交代打更小和尚说，在这里只许打三更，不准打四更、五更。

结果，这条妖龙一直睡在那里。一年后，寺庙建好了，神晏迎接各地和尚上鼓山寺院居住。每天正常诵经拜佛，但是和尚打更只打三更和四更，不打五更。妖龙没有听到五更声，继续大睡，也不起来要地了。

▲ 涌泉寺之"龙泉"

　　有一天，福州一个大官来鼓山游览，听到这个传说，于是想看看到底有
没有这条恶龙，于是命令和尚打五更钟。小和尚不敢违命，只好打了五更，

▲ 涌泉寺观音像

更声刚落地，突然山里一声巨响，恶龙被惊醒了。这下可不得了，它见老窝被占，于是责怪神晏和尚不守信用，突然喷出龙泉，要冲走庙宇。神晏经过几年修行，法术更加高明了，便搬来13橱御赐藏经，把龙的嘴巴堵住。这下子龙吐不出水了。神晏和妖龙又进行了一场恶斗，最后打败了妖龙，保住了寺庙。

那个坏官呢？

他被最先喷出的泉水冲进了山沟里，再也活不过来了。

从那时起，鼓山这座大寺庙便命名成了"涌泉寺"。在涌泉寺大门的石柱上，刻着这么一副对联："是西来不二法门，转轮声音，听天外逢逢梵唱，远通灵鹫岭；真东冶无双福地，永生功德，看泉头滚滚禅心，早彻毒龙潭。"

还有一个传说。说的是在五代时，闽王王审知率众上山，看见一个和尚在山上坐着。闽王赶紧施礼，问老僧："您在这里做什么？"没想到这个老僧不理他。闽王正想发火时，只见和尚突然腾空而起，坐在空中。闽王知道自己见了神僧，于是赶紧叩头，说："我只是个凡人，希望神僧不要责怪我没有看出来您。"

这时和尚慢慢地降了下来，拉着闽王的手笑着说："您是一代帝王，我怎么能怪您呢？再说了，您看不出来我，只是一件小事。我还想求您一件大事呢。我想修个庙，但是没有地啊。"闽王就问："要多少地？"禅师说："只要一袈裟大的地方就行了。"闽王认为一袈裟大的地方，真是很小，于是就同意了。没想到这个和尚脱下袈裟，往天上一甩，袈裟就像云彩一样遮住了太阳，盖住了半个山头。闽王已经答应了，只好把这里送给了和尚。然后和尚在这里兴建了寺庙。这座寺庙就是现在的"涌泉寺"。

一气划三清——青城天师洞

天师洞简介

我们前面大部分说的是佛教寺庙，那么，有没有道观呢？

下面，我们就去一处著名的道教圣地看一看吧。

这个地方叫做天师洞，它是青城山的主庙。天师，说的是东汉末年的道教始祖张道陵。张道陵曾经在这里讲经传道，于是，青城山也就成了中国道教的发祥地之一。

但是天师洞并不是张道陵建的。它修建的时候已经到了隋朝。并且它一开始也不叫天师洞，叫做常道观。

这个道观不仅是道教圣地，它还是著名的寺庙园林呢！不信，去看一看。

它建在白云溪和海棠溪之间的山坪上，海拔高度有1 000米。在它背后是第三混元顶，陡峭的山崖峭壁就像五彩画屏，左接青龙岗，右连里虎塘，三面环山。在它的前面是白云谷，视野开阔，"万树凝姻罩峰奇"。

更为有趣的是，古观靠山处有一个洞窟，传说是张道陵天师结茅居住过的地方。它也叫做"天师洞"。

一个著名的寺庙园林，不仅要有漂亮

的周围环境，内部的环境也要美丽才行。

　　走进天师洞的内山门，会看到三清大殿、黄帝殿布置在中部线上，气势恢宏。围绕着三清大殿的层层楼堂，都有曲折回环的外廊连通。这些曲折的小径把游人引向最远方。大殿的楼上是"无极殿"，殿里面是明代的木雕屏花。三清大殿和三皇殿内的唐玄宗手诏碑是这里最珍贵的文物。

▲ 天师洞

▲天师洞

攀登青城山，游览天师洞

下面，就让我们一起走进天师洞，去看一看这个著名的道教圣地吧！

首先，我们去天师殿看一看。这座殿在第三混元顶的岩腹洞前面。它不是当初的建筑物了，是清代光绪十年重建的。天师殿，当然要和张天师有关系了。没错，在它的上层洞窟里面供的就是张天师。所有，有的人开玩笑说："这里才是真的天师洞呢！"

看过了天师殿，来到"三皇殿"的前面。走进去看一看，"三皇"到底是哪三皇吧。

在殿内，我们发现里面有伏羲、神农、轩辕三皇石像各一尊。石像的前面是唐代开元皇帝写的石碑，上面是"观还道家，寺依山外旧所"。这个石碑十分宝贵，世代传为镇山之宝。当然，除了这个镇山之宝之外，还有其他的碑刻，像张大千先生的"天师像"和《龙门派碧洞宗道脉渊源碑》等，都很值得观赏。

我们都说我们是炎黄子孙，说到道教，肯定离不开黄帝。

黄帝祠就在"三清殿"的后面，它里面供奉的就是轩辕黄帝。这座殿宇古朴静雅，横额上是国民党元老、大书法家于右任手书的"古黄帝祠"四个金字。在祠前，有一个石碑，是"轩辕黄帝祠碑"，上面刻的是冯玉祥将军1943年撰题的颂祠："轩辕黄帝，伟大民祖，战功烈烈，仁爱各族。制礼作乐，能文能武，垂教子孙，流芳千古。"

黄帝作为中华民族的始祖，非常受人崇敬。人们都把他尊之为神。因为传说中，黄帝曾经到丈人山，到宁封那里修习"龙跷飞行"之术，所以青城山早在隋朝年间就开始祭祀黄帝了。

接下去，就该到正殿去看一看了。

正殿叫做三清殿，它是天师洞景区最宏伟和最值得欣赏的建筑了。从外面看这个大殿，它是重檐歇山顶楼阁式建筑。它的历史和前面的建筑比起来并不长，建于1923年，近年又进行过维修。在大殿前，通廊是九级台阶，前檐用了六根大石圆柱来支撑。这六根石柱又分别立于高1.2米、精雕奇兽图案的石础上面，显得庄严而又十分气派。

殿堂横有五个大间，加在一起有580平方米。它的前后檐柱和经柱高4.4米，一共有28根。这些石柱可不是简单的柱子。我们走近看，会看到这些石柱上都是刻花，有飞禽走兽、人物花草。这些艺术品色调素雅，与建筑配合和谐协调。

往上看，楼上是"无极殿"。殿的正中是个八角形的楼井。楼井是什么呢？原来，它不仅可以用作采光通风，还可以让游人没有压抑的感觉。在殿正中，有一个匾额，是康熙的御书"丹台碧洞"。

到这里，我们可能还有疑问，三清殿为什么叫三清殿呢？带着这个疑问，我们走进去瞻仰一下吧。

走进大殿，迎面就是三位尊神像：居于玉清化境(在清微天)的元始天尊，象征洪元世纪；居于上清化境(在禹余天)的灵宝天尊，象征混元世纪；居于太清仙境(在大赤天)的道德天尊，象征太初世纪。这位道德天尊就是我们经常在《西游记》里看到的太上老君。三位天尊合称"三清"，所以这里叫"三清殿"。

在殿前的石栏上，还刻有许多人像。他们光头露背，翻腾扑跃，嬉闹戏耍，光头上没有戒疤，天灵盖下凹未平，有的还有"毛根儿"，穿开裆裤，都是婴孩形象。这些人像谁呢？

他们被称作"赤子"。按道教的经典著作《道德经》中说的："常德不离，得力归于婴儿。"就是教人要保持一颗纯洁、善良的赤子之心。道教认为，修道的人都要找到自己的童心。

石雕中还设计了一些乐器。像石雕的一个大海螺，它遇到山风，就会发生悦耳的声音，被称作"天籁"。这组雕刻就叫"天籁婴灵图"。

殿前还有一株古银杏，高约30米，树冠直径36米，非常大。它可不是一般的银杏树，传说是张天师亲自栽的。如果我们能去那里看看的话，一定要和这棵大树合个影才行！

峨眉山第一风景——清音阁

清音阁简介

清音阁，多么好听的名字！

它位于峨眉山自然风光的精华区，海拔710米，两边是牛心岭的两条河。

这个阁原来是牛心寺的前院。后来明初广济和尚取左思的《招隐诗》"何必丝与竹，山水有清音"的意思，更名成了清音阁。在阁的下面还有亭子，叫做双飞亭。亭子左右各有桥，名双飞桥。这两个桥就像跨过河流的两个翅膀一样美丽。

▲清音阁

双飞桥和清音阁合起来，在历史上有"双桥清音"的美誉。

清音阁在上下峨眉山的必经之路上，和龙门洞称为"水胜双绝"，历来是峨眉山的十大胜景之一。

我们如果登上清音阁，就会看到一幅青山绿水画卷，浓绿重彩，精工点染。在高处，玲珑精巧的楼阁居高临下。在中间，是两个叫做接御、牛心的亭子，亭子两侧各有一石桥，分跨在黑白二水之上，形如双翼，叫做双飞桥。

桥下是著名的"黑白"二水。右侧那一条是黑水，发源于九老洞下的黑龙潭，有15千米长，因为水是黑的，又称黑龙江。左边那一条河流是白水，发源于弓背山下的三岔河，也有15千米长，水色泛白，又称为白龙江。河流中滔滔的白浪，冲击着碧潭像牛一样的巨石。

这里山水相连，红绿对比，组成了独具特色的寺庙山水园林环境。

峨眉山的传奇来历

从前，峨眉县城西门外，有一个西坡寺。有一年，一个白发苍苍的老画家，千里迢迢来到这里，要求住在寺里，西坡寺的住持和尚收留了他。住持和尚自幼喜欢书画，天长日久，就和老画家结下了深厚的友谊。一天，风和日丽，绿柳低垂，画家邀请和尚同游乐山的乌尤寺。和尚笑着推辞说："这里离乐山有几十里路，来回要一天时间，很不方便。"画家见和尚不去，便独自去了。不到半天工夫他就回来了，还带回来几张乌尤寺的画送给和尚。和尚自幼喜爱字画，心里十分高兴。同时，也感到奇怪，为什么画家不到半天就游完乌尤寺回来了？这个谜和尚一直猜不透。

又过了几天，画家来向和尚告别，并付给食宿费用。和尚坚持不收，画家见和尚不愿收钱，猛然想起和尚喜欢画，便拿出纸笔墨砚对和尚说："你不收钱，那我就画几张画送给你。"和尚听了，满心欢喜。不一会儿，画家就画好了四幅画，每一幅上都画的是一个美丽的姑娘。第一幅画的是一个身穿绿衣绿裙、头上披一条白色纱巾的姑娘；第二幅画的是一个身穿红衣红裙、头上披一条绿色纱巾的姑娘；第三幅画的是一个身穿蓝衣蓝裙、头上披一条黄色纱巾的姑娘；第四幅画的是一个身穿黄衣黄裙、头上披一条红色纱巾的姑娘。

因为古时候把美丽的姑娘叫娥眉，所以画家把四幅画题名为《娥眉四女图》。画家把画交给和尚说："你把画放在箱子里，等过了七七四十九天以后再拿出来挂。"

画家走后，和尚想，这样好的画放在箱子里太可惜了，何不挂出来让大家观赏观赏呢？于是就把这四幅画挂在了客堂里。一天，和尚从外面回来。忽然看见有四个姑娘正坐在客堂里说说笑笑哩。和尚看着这几个姑娘很面熟、又觉得很奇怪，刚才出去时并没有见到过

▲峨眉山，清音平湖

这几个姑娘呀！就问："你们几个姑娘是来游庙还是拜佛呀？"四个姑娘并不答话，只是嘻嘻地笑着往外跑。这时，和尚忽然发现壁上四幅画上的美丽姑娘都不见了。原来跑出去的四个姑娘就是画上的呀！

于是，和尚就在后面追。三个姐姐跑得快点，跑到前面去了，四妹跑得慢，拉在后面。姐姐们回头一看，见四妹还在后面，就停下来等她。这时，和尚已经追上四妹，抓住了她的裙角，要拖她回去。四妹见不得脱身，就喊："大姐、二姐、三姐，快来救我！"

三个姐姐见四妹被和尚拖住不放，就生气地骂："这和尚真不害羞！"四妹因为隔得远，只听到"不害羞"三个字，以为姐姐们在骂她，羞得满脸绯红，无地自容，便立刻变成一座山峰。和尚忽然不见了姑娘，面前却出现了一座大山，心想，你变成山我也在旁边守着你，反正不能放走你。

三个姐姐见四妹变成了一座山，也变成三座山等着她。后来，和尚死在山旁边，变成了一个瓷罗汉，仍然守着山。人们在那里修了一个庙宇，就叫"瓷佛寺"。四姐妹变成的四座山峰，一座比一座美。

后来人们就把娥眉的"娥"字改写成了山傍的"峨"字。大姐就叫大峨山，二姐就叫二峨山，三姐就叫三峨山，四妹就叫四峨山。至今，大峨山、二峨山、三峨山还并肩站在一起，只有四峨山隔了一段距离。

峨眉山非常俊美，唐代大诗人李白曾写诗称赞："峨眉高出西极天。"在民间也流传着"四川有座峨眉山，离天只有三尺三"的说法。但是，峨眉山上离金顶不远的地方有两块大石头却比峨眉山更高。这两块石头形状相似，相距不到一丈，石壁很陡，就像刀削的一样。据说这石头原来是一块，爬到上面就能摸到南天门，所以人们叫它"天门石"。

六 人与园林

园林设计

古典园林是我国文化艺术的重要组成部分。在这些园林里，皇家园林造的金碧辉煌，气象万千。达官贵人们也把自己的宅院建造的秀美如画，绿意盎然。像那些失意的士大夫，通常喜欢园林，他们用浇花垂钓、修竹剪梅来逃避现实。当然他们的园林设计追求的是悠闲、典雅。这样一来，造园艺术在中国就找到了滋养的土地，不断地发展前进。

我们伟大的祖国面积很大，到处都有美景。在这些美景上进行人工的修饰，让它们美上加美。

那是不是很容易就能设计成一个园林呢？

当然不是。在平地建造一个园林的话，要有山有水，要是建造一个"城市山林"，这就需要把大自然移至室内。这项工作可不简单。我们在前面已

▲园林设计草图

经了解了很多园林的知识，所以我们知道，这些园林的建造，不单单是有山有水，还要有丘有壑，有溪有涧，这样，才能让人们置身其中的时候，有亲临大自然的陶醉感觉。因此，园林设计非常重要。

知识链接　〇

什么是设计呢？

"设"，就是陈设，设置，筹划；"计"，就是计谋，策略。园林的设计就是在一定的地域范围内，运用园林艺术和工程技术手段，通过改造地形（或进一步筑山、叠石、理水），种植树木、花草，营造建筑和布置园路等途径，来建成美的自然环境和生活、游玩的地方的过程。

园林设计的原则

中国造园艺术历史悠久，中国园林文化在世界园林文化中占有重要地位。

那么，建造一个园子有哪些原则呢？

结合古今的造园艺术，大致有下面这些原则。

第一是虚实结合。园林建造时，如果布置太多太密，就会太"实"；太少太疏，又会太"虚"。与中国传统山水画中的景色相联系，修建园林时，叠山是不能缺少的。像那些幽寂闲散、淡薄沉寂的情调都通过叠山的手法来表现。然而这些假山如果堆叠的过分或者不够技巧，它们会使园林显得枯寂，让园林失去空旷明朗的感觉。因此，园林设计一定要虚实结合。

怎么样做才叫"虚实结合"呢？园林设计一般用水陆搭配来突显虚实。园林中的陆地面积大多比水上面积大，但是大部分的园林都把水上面积作为园林的中心。在设计的时候，设计者会在园林的中心造一个东、西、南、北四个方向的水池。在这些方向中，选择一个方向来安排重要的中心建筑。像苏州留园的寒碧山房就在水池的北部。在这里，水面代表虚，陆地代表实。所以水陆搭配实际上就是虚实结合。

第二是对比陪衬。我们前面说建筑占水池的一面，那一般另一面就是假山。这样一来，就能起到一个对比的作用。假山和周围的亭子、水榭、画舫、平台等小型建筑错落有致，有进有退，变幻多端，各有特色。这些次要的建筑和主要的建筑之间，能起到对比的作用，而且这些次要建筑之间也能做陪衬。

第三是集聚和分散。水池和假山周边的景色不光是要错落有致，更重要的是有集聚和分散的效应。四面集聚就会显得过于实，四面分散就会觉得过虚。例如前面写到苏州的狮子林，园林面积不大，假山占据了东部很大的面积，这样就容易让人感觉有点狭窄。而扬州的瘦西湖，它的山色湖光与重楼叠阁相映成趣，上下有脉络，形成了立体的景观，可以多层次欣赏园林景色。

第四是参差又整齐。在园林修建的时候，入水处与临水的地方，突出的建筑的地基应该用平整的石条来修建。这是为了与两岸的自然岩石形成对比，体现出参差与整齐两种不同的线条。参差和整齐比较，给人一种和谐、变化的感觉。上海的徐园（现已消失）规模虽然小，但是巧妙地运用了参差与整齐并存的建筑方法，在参差之中又有一种直线条的美景。

第五是连续与阻隔。在园林建设中，如果有自然河流可以借景，或者是在园林中自己建造一条河流，我们不能让河流一直延续而没有阻隔。

什么意思呢？就是说我们在河流的中间可以修建一座弓形桥梁，或者修建一座拱形的门。这样的设计可以使河流在延续中有些停顿，少些呆板，多几分曲折回旋的美丽。像扬州瘦西湖这条清澈的河流，就是有许多阻隔，才成了扬州最美丽的地方。

第六是明暗对比。有了碧波荡漾，重山叠岭，峰回路转，我们可以沿着台阶向上走，山洞之中又有天光隐约，深邃晦暗。只有绕出洞口，才有豁然开朗的感觉。这种明暗对比让人容易感觉到园林的魅力。

一般，我们可以在园林的转角处，通常先用石头砌满。这样一来，游客们必须经过转弯穿过山洞。穿过去之后就能有一种别有洞天的愉悦。

第七是平面和立体交错。在园林设计时，平面布置自然必不可少，但是立体建筑也要注意。西方的园林往往一片平坦，一眼望过去，都是绿草如茵，只是在边缘处栽植些树木。

我国的园林设计就不一样了。在园林中都会出现假山和池沼的相互掩映的布局。有假山、泉瀑、山腰小亭之类的景致，相互搭配，这样多种景色相辅相成，就是立体与平面交错的设计。

　　第八是比例与和谐。在园林设计中一般要注意平面与立体的比例，整体与部分的比例，只有这样才会显示出和谐的景色。

　　在这方面主要是隔水对山而立，环绕着山水还有亭台轩榭等小建筑，这些景点之间的距离就应该有适中的比例，这样在观赏时才能让人感觉到和谐悦目。

▲瘦西湖

园林设计八忌

我们在设计园林的时候，容易犯一些错误。我们把这些错误叫做："园林设计八忌"。

第一，忌追求高档、豪华，远离自然，违背自然。

比方说在城市公园的水景设计中，原本只要顺其自然，在弯曲的湖岸上种一些植物，湖中种上荷花、莲花等水生植物，便会形成美丽亲切的自然景观。然而有些设计师却非要把湖岸用大理石修砌，并围上汉白玉护栏，然后再把湖底用混凝土加固，修深水池来养水生植物。这样看起来的确很高档、豪华。但是这样一来，整个湖的自然韵味就没有了，它成了一个彻底的人造湖，违背了园林设计的初衷。

第二，忌盲目模仿，照搬照抄，缺乏个性。

每一件园林作品都要有它自己特有的风格和地方特色，要深刻体现出这个地区深厚的文化底蕴和历史内涵。然而由于近代中国历史的原因，西方园林风格对我国园林产生了很大的影响。这样一来，就使得欧美式园林在中国大地遍地开花，各地纷纷效仿，失去了中国园林的风格和个性。因此，我们的园林设计师对其他园林风格不要盲目的抄袭，应该在中国园林风格的基础上，吸收欧美园林设计的精华，并且结合当地独有的文化，开发出具有创造性的作品。

第三，忌缺乏人文关怀，不顾人的需要。

城市园林建设的目的就是美化人的生活，陶冶人的情操，因此在设计上很重要的一点就是要以人为本。目前，很多城市都有很大的广场。但是这么大一个广场，只有少量的树木种植在道路两旁。这样一来，即使有许多休息设施，也只能放在露天。在夏天的时候，或者多雨的季节，既没有大树遮阴，也没有遮雨设施，再美的风景也没人愿意去欣赏了。

第四，忌只注重视觉上的宏伟、气派、高贵及堂皇的形式美，而不顾工程的投资及日后的管理成本。

大家都知道，我国现在是发展中国家。目前，我国的经济发展水平不算高，所以在园林建设上要量力而行，不能盲目地同西方发达国家攀比。近几年兴起的草坪热，各大中城市都有过，但是最终因为管理成本太高，所以最后都荒废了。这样就造成了人力物力上的极大浪费。

第五，忌忽视与当地环境的和谐统一，破坏整体的生态环境。

天然的地形是大自然对我们的恩赐，因此在进行园林设计的时候，要充分考虑与当地的环境的和谐统一。因山势，就水形，景自境出。

如杭州孤山的西泠印社，是中国典型的台地园。它从山麓到山腰、山顶，布置了不少建筑、道路和绿地，但是，它不是把自然削成一层层的人工平台，而是附属在自然的山形地势上，格外地亲切、妥帖。

第六，忌对园林植物进行随意配置。

园林植物都是有生命的。所以设计者要充分考虑当地的土壤和生态环境，并且要考虑到很多年后的植物生长会所形成什么样的效果，

▲西泠印社

以及它对周边环境带来的影响。

第七，忌只注重一种植物，忽视园林植物配置的多样性。

如果我喜欢竹子，是不是能把整个园子都种上竹子呢？

那可不行。我们要保持生物的多样性。除了要保护生态环境的基础，还要考虑到城市景观要有生气，如果只种植一种植物，很不利于病虫害的防治。

第八，忌只注明园林植物的种类，不明确具体品种和规格。

园林植物品种间的差别有时是巨大的。如果不知道植物具体的品种，就会使设计者的意图得不到充分表达，甚至会得到相反的效果。如许多园林

设计作品中，笼统地说种桂花、月季等，但是桂花又可分为金桂、银桂、丹桂、四季桂等，月季也可分为香水月季、微型月季等多种。因此，如果不明确植物具体品种和规格，很容易造成施工者以次充好、使用价格比较低的品种。这样就达不到应有的设计效果。

园林设计的理念

中国传统的庭院规划受到了传统哲学和绘画的影响。在中国，甚至有"绘画乃造园之母"的理论。比方说明清两代的江南私家园林就是这样。

明清两代，私家园林受到文人画家的直接影响，重视诗画情趣，意境创造，含蓄蕴藉，它们的审美大多数是清新高雅的格调。这个时期的园林代表作品是无锡的寄畅园、苏州的拙政园、扬州的影园。它们的审美特点是"接近自然"。园景的主体是自然风光，在自然风光之外，又有亭台、廊房作为陪衬。

如果从哲学上来说，这里寄托了园主人淡漠厌世、超脱凡俗的思想。他

▲寄畅园

在物质环境中建造了一个丰富的精神世界，这个精神世界苍凉廓落、古朴清旷。

园林设计必须有假山、流水、翠竹等部分。

"崇尚自然，师法自然"是中国园林建造的原则。在这种思想的影响下，中国园林把建筑、山水、植物有机地融合成一体，在有限的空间范围内利用自然条件，模拟大自然中的美景，经过加工提炼，把自然美与人工美统一起来，创造出与自然环境协调共生、天人合一的艺术综合体。

我们前面说了苏州的沧浪亭，它里面有个对联写得很好，说"清风明月本无价，近水远山皆有情"。这就表现出了园主和自然浑然一体，亲近自然的闲适心情。

另一方面，我国的古典园林中特别重视寓情于景，情景交融，寓意于物，以物比德。这是什么意思呢？就是说人们把自然景物看做是品德美、精神美和人格美的一种象征。

比方说，我们把竹子作为美好事物和高尚品格的象征。竹子空心、有节，长得很挺拔，所以人们就把竹子作为虚心、有节、挺拔凌云、不畏霜寒的精神象征。所以，竹子是中国庭院里最具代表性的植物之一。除了竹子以外，人们还把松、梅、兰、菊、荷以及各种形貌奇伟的山石作为高尚品格的象征。

这里我们说到了庭园。庭园和园林不一样吗？

它们是有区别的。按照《辞海》上的解释，"园"是"四周常围有垣篱，种植树木果树、花卉或蔬菜等植物和饲养展出动物的绿地"。而"园林"不一样，它有不同的性质，根据这个又可以叫做园、囿、苑、园亭、庭园、园池、山池、池馆、山庄等。

它们的性质、规模虽然不完全一样，但是都具有一个共同的特点，就是在一定的地段范围内，利用并改造天然山水地貌，或者人为地开辟山水地貌，结合植物的栽植和建筑的布置，来建造一个供人们观赏、游憩、居住的环境。

在当代，园林的选址已经不拘泥于名山大川、深宅大府了，它们在街头、交通枢纽、住宅区、工业区以及大型建筑的屋顶都有建造。并且，使用的材料也从传统的建筑用材与植物扩展到了水体、灯光、音响等综合性的技术手段。

园林意境

园林意境的历史

园林意境的思想可以从东晋开始说。中国的园林艺术，和中国的文学、绘画有密切的关系。当时人们崇尚自然，出现了山水诗、山水画和山水游记。园林创作也发生了转折，从建筑为主体转向自然山水为主体，从夸富尚奇转向自然流露。所以，在那个时候产生了园林意境问题。那个时候有个皇帝叫简文帝，他游览华林园的时候，对随行的人说："会心处不必在远，翳然林水，便有濠濮间想。"可以说，他已领略到园林意境了。

园林意境的代表人物有两晋南北朝时期的陶渊明、王羲之、谢灵运、孔稚圭，也有唐宋时期的王维、柳宗元、白居易、欧阳修等人。他们既是文学家、艺术家，又是园林创作者或风景开发者。

陶渊明用"采菊东篱下，悠然见南山"这句诗来说明园林恬淡的意境。被誉为"诗中有画，画中有诗"的王维建造了一个自己的园林，里面充满了诗情画意。

元、明、清时期，又出现了倪云林、计成、石涛、张涟、李渔等人。他们都集诗、画、园林各个方面的文艺修养于一身，发展了园林意境创作的传统，创造出了新意。

▲王维《山居秋暝》诗意图

园林意境的内涵

"情景交融"是园林最理想的境界。在中国的传统美学中，这个境界称为意境。在美学界，人们对中国古典园林创造的意境美，给予了很高的评价，认为中国园林在美学上的最大特点，就是重视意境的创造。中国古典美学的意境说，在园林艺术、园林美学中得到了独特的体现。

那意境的内涵怎么把握呢？

"意境"的内涵在园林艺术中的显现，比在其他艺术门类中的显现，要更为清晰，从而也更容易把握。

意境是比形象（景）和情感（情）更高一级的美学范畴，它是对景和情的片面性的超越，它是一个完整、独立的艺术存在。

意境包含两个方面："生活形象的客观反映方面和艺术家情感理想的主观创造方面。"

因为艺术最基本的单位是形象，所以园林意境美首先离不开形象。形象是园中的各种风景。然而，并不是所有的风景形象都能产生意境。能够产生意境的形象必须是那些能够真实地构成空间环境，并且具有自然风景特有的生气和活力的形象。这就要求园林布局结构顺应自然，使园景有活泼的生机。

其次，在意境中还要有主观感情的注入。闻一多先生曾说过："一切艺术都应该把自然作为原料。然后搂以人工，一是修饰自然的粗率，二是加入人性，使它更接近于人，更容易把握。"

> **知识链接**
>
> 唐代有个作家叫司空图，他在《二十四诗品》中列举了很多诗歌的意境。他在说这些诗歌的意境的时候，经常用风景来补充说明。像"月出东斗，好风相从。太华夜碧，入闻清钟"（《高古》）；"白云初晴，幽鸟相逐。眠琴绿阴，上有飞瀑"（《典雅》）；"雾余水畔，红杏在林，月明华屋，画桥碧阴"（《绮丽》）。所有这些描绘，当然不会是简单的景物描写。在这些景物描写中，是景外有景，像外有像，并且加入了作者自己对风景的体会和情感。所以，他表达的是有虚有实、有景有情的图景。

▲司空图《二十四诗品》

园林是用山石花木等组合成的，然而人们却常说它富有诗情画意。诗情画意说的就是掺和进园林景色中的人性。只有这样，人们在游赏时才会感到景色宜人，才会和风景进行情感上的交流。

我们在园林里玩的时候，看见的小桥流水、山峦亭台，和看纯自然的山水风光是不一样的。不一样的感觉从哪里来的呢？就是在园林风景形象的布置和安排中，在游览路线的组织中，艺术家把自己的审美情趣和思想放在园林里了。这让游人在游玩的时候，能去发掘这些有趣的意味，并且加深对园林意境的理解。

园林艺术也一样。有些园景让我们感到端庄华丽，有些又是舒适恬静，还有些让我们感到清冷的禅意。这些园林的景物差很远吗？当然不是。它们的差别在不同的趣味。这种趣味的差别，正是注入景中之情的不同而引起的差异。

可以说，一个好的园林，从大的结构布局到每一个景致，都融进了作者的审美追求，包含了作者的思想感情，灌注了作者对自然美和生活美的真切感受和认识。

园林意境的创作方法

怎么才能创造出园林的意境呢？

园林意境可不是想有就能有的。

园林意境是文化素养的流露，也是情意的表达。想要创造出园林的意境，就要提高对祖国文化的修养和感情素质。技巧只是创作的一种辅助方法，并且可以不断创新。园林意境的创作方法有中国自己的特色，就是"融情入境"。这种创作方法，大体上可以归纳为三个方面：

第一个方面是"体物"的过程。园林意境创作必须在调查研究过程中，对环境和景物能传达出的感情做一个详细的感觉。事物形象有不同的特点，这是客观存在的现象。比方说人们经常把柳丝比作女性、比作柔情，或者把花朵比作儿童或者美人，或者把古柏比作将军、比作坚贞。如果比喻不恰当，就不能表达事物的感情特点。

不仅如此，还要善于发现。比如在用石块象征坚定性格的时候，我们要看到卵石、花石不如黄石、盘石，因为石头象征品格的时候，不仅要看质量，还要看形状。在这样的体察过程中，心有所得，才能开始立意设计。

第二个方面是"意匠经营"的过程。在体物的基础上立意，意境才有表达的可能。然后再根据立意来规划布局，剪裁景物。园林意境的丰富，必须根据条件进行"因借"。计成在《园治》这本书里说，"借景"就是"取景在借"，就是说这不只是构图上的借景。为了丰富意境的"因借"，凡是晚钟、晓月、樵唱、渔歌等，都可以拿来用。计成认为这个叫做"触情俱是"。

第三个方面是"比"与"兴"。早在先秦时期，这就是审美意识的表现手段了。《文心雕龙》里对比、兴的释义有很多："比者附也；兴者起也。""比是借他物比此物。"比方说"兰生幽谷，不为无人而不芳"是一个自然现象，这个自然现象可以拿来比喻人的高尚品德。

"兴"是借助景物以直抒情意，像"野塘春水浸，花坞夕阳迟"。在这种景里，愉悦的感情就油然而生了。

"比"与"兴"有时很难绝对的划分，它们经常是连用的。但是它们都是通过外物与景象来抒发、寄托、表现、传达情意的方法。

七

中外园林风格比较

中国园林和法国园林的对比

每一个民族都有自己的哲学和美学思想，园林艺术和这个民族的哲学和美学思想肯定是密切相关的。

我们可以说，园林艺术就是在哲学和美学指导下产生的一种艺术形式。

最早的法国园林出现在古罗马时期。可惜的是在古罗马灭亡到文艺复兴这一千年，欧洲在古板的基督教神学统治下，陷入了"黑暗的中世纪"。这一时期的整个欧洲都没有留下什么大型观赏园林。

16世纪末，欧洲爆发了宗教改革，它全面深刻地反思了宗教的神学统治形式，从哲学的高度把人从神的脚下扶起来。从那个时候起，思维与理性才被认为是至高无上的。在造园的思想上，表现为大规模地改造自然现状。

为什么要大规模改造自然现状呢？

原来，这能够反映出人对大自然的认识和征服。

设计师在园林设计中大量使用了几何构图。这种构图是很严谨的，它反映出了欧洲传统的理性主义至上的思维特征。同时，发达的逻辑学、几何学和透视学又给园林设计提供了一整套的表达方式和严格的评价标准。园林设计慢慢成熟起来了，并且形成了一种层次严密和整体完备的结构体系。

在这个时候，有没有一个园林能够作为完美的代表呢？

凡尔赛庭院，就是这样的一个代表。

那中国的园林呢？

中国古典园林在几千年的发展中，内容与形式一直在慢慢演变。

先给大家说一下，在中国主流的哲学思想中，有三大哲学流派，分别是儒家、道家和佛家。

对园林影响最深的是哪一派呢？

是以老庄为代表的道家。

道家认为自然是完美无缺的，人不能和自然争衡。那人应该怎么办？应该去接纳自然。这一点体现在中国造园的思想中。中国造园的时候，首先就要承认自然有自己的灵魂和自己的美，然后再对它采取接纳和引导的态度。

在这里，造园者的出发点是什么？一个词：天人合一。

没错，在中国追求的就是天人合一，而不是对自然采取对立、征服的态度。在园林设计中，园林设计者通过各种手段和形式，最终在园林里体现出天人合一、物我相容的人文心态。

由于中西园林对自然的不同态度，影响了园林的总体布局，这使得中国园林和西方园林在总体布局上有不一样的特点和风格。

具体不一样在哪里呢？

中国园林的布局像"山水画"。它把山水当做景区的主体，建筑物只是用来点缀山水的。整个园林的设计，景中有景，园中有园，峰回路转，曲折幽深，显得很含蓄，很有韵味。

而西方园林就不一样了。西方园林的布局像"几何图形"，建筑是景区的主体，而山水花木常被修整后才作为园林的景物。在西方的园林里，你会看到整个园林设计的很规整，轴线分明、秩序清楚、条块成形，显得开阔、明朗。

▲凡尔赛宫庭院

中国园林和意大利园林的对比

了解意大利的园林，我们先来了解一下意大利的气候。

意大利是地中海气候，这种气候和欧洲其他地方的气候不一样。所以，意大利的园林和欧洲其他地方的园林也不一样。不一样在哪里呢？它是独特的台地园。

什么是台地园？

在文艺复兴的时候，人们向往罗马人的生活方式。所以，富豪权贵纷纷在风景秀丽的地区建立自己的别墅庄园。由于这些庄园一般都建在丘陵或山坡上，为了便于活动，就采用了连续的台面布局，也就成为台地园。

由于受地形的限制，这些园林的构图都不能随心所欲地来设计。可以说，地形决定了园林里很重要的一些东西。像重要轴线的分布，像台地的设置，再比如花坛的位置和大小以及坡道的形状等。甚至在考虑建筑物的位置安排时，也要考虑它与台地之间的关系。

因此，台地园的设计要把平面与立面结合起来考虑。台地园的平面一般都是对称的，建筑有时位于中轴线上，有时位于庭院的横轴上，或者分布在中轴的两侧。由于一般庄园的面积都不很大，又多在风景优美的郊外，所以意大利园林常常借景。这样就可以开阔视野，让整个园林显得很开放。这一点东西方都很重视。

既然意大利园林这么特殊，中国的园林和意大利的园林有相同的地方吗？

其实，像意大利园林这样的建造方法和手段，在中国园林里经常可以看到。比方说颐和园借景玉泉山塔，然后和佛香阁形成对景。江南私家的小园由于面积狭小，这类手法就更多了。不过，中国在借景时往往会利用窗框、门框，让人们从里面往外看，这样可以增添画意。

在总体的布局上，意大利台地园往往是由下而上，逐步引人入胜，展开一个个景点，最后登高远眺。在这个时候，不仅能看到全园的景色，而且周围的田野、山林、城市都能展现在眼前。这样一来，就可以给人一种贴近大自然的亲切感。当然，这种渐入佳境的方式是东方园林的传统手法。但是，它和意大利的不同，东方式的展开是基于散点透视的卷轴画式的步移景换。意大利的园林虽然也是展开，却是颗粒性地分个呈现。换句话说，它追求的仍然是定点式的特定位置的欣赏，而欣赏的顶点在园林的最高处。这在东方园林中是极少的，和东方文化的内敛性格有关系。

在关于园林和建筑之间关系的处理上，意大利风格是把园林当做住宅区的延伸部分。这样的做法影响了欧洲其他地方的园林，最后使得欧洲园林成了几何构成。

另外，中轴线的设计也是意大利园林对欧洲其他地方园林的一大贡献。虽然早在希腊罗马时期，中轴线已经开始出现，但是，意大利台地园中的中轴却有了明显的改变。它是把山作为依托，然后贯穿好几个台面，经历几个高差而形成瀑布。并且更重要的是，庄园的轴线有些已不止一两条，而是好几条。它们或者垂直相交，或者平行并列，甚至还有的呈放射状排列。这些都是从前没有的新手法。

了解东方园林的你可能会说，中国的园林当然是不用轴线的！

但是，有些地方有些例外。比如避暑山庄的宫殿区部分和靠近宫殿区的园林前区，再比方说圆明园的大宫门口，再比方说颐和园万寿山上的建筑布置。当然了，像故宫中御花园的构图，就是沿着整个皇城的大中轴布置的。

细心的你可能发现了，这些园林怎么都是北方的皇家园林啊？那是因为江南园林不会出现这种情况。因为这里不仅有规模的因素，而且主要还是中国传统的礼教和封建皇权的威严所决定的。

我们已经说了好几个意大利园林的开创特点。那么还有吗？

当然有。

在欧洲园林中，典型的对水的处理方法也是从台地园开始的。水因为可

▲台地园

以使空气湿润，所以在意大利园林中占有重要的位置。因为这些园林在台地上，所以里面的水景在不断跌落，这个过程中，往往能形成辽远的空间感和丰富的层次感。

更有趣的是，为了更好地用水，在台地园的顶层还有人造的贮水池。这里是山洞的形式，它可以作为水的源泉。有的洞中有雕像，有的洞被布置成了岩石溪泉。这样一来，不仅很有意思，而且增添了很多山野情趣。

这些水沿斜坡可以形成水的阶梯，而在地势陡峭、落差大的地方，它还会形成汹涌的瀑布。当然，在不同的台层交界处，我们还能看到溢流、壁泉等。

除此之外，在下层的台地上，利用水位差可形成喷泉。这些喷泉和雕塑结合，形成各种优美的喷水图案和花纹。意大利人看到了喷泉的美丽，于是在喷水技巧上做了很多创造。他们创造了水剧场、水风琴等具有印象效果的水景，此外还有非常好玩的魔术喷泉。

在低层台地，水也有用途。它可以汇集成平静的水池，或者成为宽广的运河。

意大利的台地园是欧洲园林的一个重要分支，也是欧洲园林很多技术的发源地。它也是以规整布置为主，与东方体系的模仿自然很不一样。

但是，意大利台地园完全排斥自然吗?

当然不是。首先，它结合地形的设计思路明显贴合了自然。当然，东方园林对地形的处理，绝对不会像意大利那样将山坡切成几个台面的。但是，利用地形来创造合适的景观还是东方园林和意大利园林共有的思考方式。何况，东方园林所处理的大都是些小山，甚至完全违反自然原理，纯粹是用湖石堆山，这和意大利的台地切山相比，可能意大利的还更贴近自然呢!

还有，意大利台地园虽然有中轴线，但是它在轴线的两侧使用了退晕的手法。就是使园景从人工逐渐过渡到自然。这令人想到颐和园也有同样的做法。

另外，意大利台地园对植物的使用，也很少用几何式的修剪。整个庄园的背景更是呈现自然的植被，这确实有回归自然的意味。东方园林的自然和它相比，带有了更多的象征性。

中国园林和日本园林的对比

对中国和日本的园林进行比较的时候，必须全面而且系统。

全面就是指要比较两国园林的产生、发展，从相互影响到完全不同的过程。

系统就是要在这个历史过程中，从园林的自然环境，到园林的类型，再到园林的历史、园林的思想、园林的手法，最后到园林的游览等方面进行比较。

这种比较遵循了从外部到内部，从自然到人文，从理论到操作，从形态到体验的研究步骤。因为只有古典部分才最能代表中日两国园林的显著差异，所以在这里我们主要比较两国的古典园林。

◆造园环境比较

园林环境主要是指园林的国土环境和国民环境。在这里，国土环境指的是自然地理环境方面，包括地理、气候、自然灾害等方面。国民环境，主要

▲日本姬路城

的是指国民的自然属性，而不是社会属性。

通过对比，中国古典园林与日本古典园林在自然属性方面的不同点非常明显，我们可以确定中国古典园林是大陆性特征和山性特征，而日本的古典园林是海岛性特征和水性特征。这种不同引发了进一步的差异:在国土面积上，中国大，日本小;在山水方面，中国大，日本小。

这种不同反映在园林上也是一样的。中国园林的面积大，规模宏伟;而日本园林的面积小，规模小巧。

另外在纬度方面，中国的南北跨度大，日本的南北跨度小。这一点反映在园林上就是中国的南北园林风格差异大，而日本园林的南北差异比较小。

在气候方面，中国大部分是大陆性气候，而日本是海洋性气候。在自然灾害方面，中国是洪水灾和旱灾等大陆性灾害，而日本是地震、水灾、海啸、台风等海洋性灾害。

这些不同反映在园林上，就是处理山水、种植植物、建筑形态等方面不太一样。

在国民环境上，主要比较的是自然属性。我们可以看出，和日本古人相比，中国的古人比较高大，而日本的古人比较矮小。于是，园林的形态也就不同了。中国的古典园林较大，日本的古典园林较小。这种大小不仅仅说的是园林的一个个景点，而且反映在园林的面积规模上，这种规模大小的不同，和当时游览园林的游客欣赏时所用的眼睛视线高度是一致的。

◆园林类型比较

按照园林的隶属关系、地域关系、布局特点、时代变迁，中国和日本的古典园林有不同的类型。但是，有些类型在中国有，日本没有;有些是中国没有，日本有;有些是有一方比较重视，另一方较轻视。

这怎么比呢? 我们只有用有这种类型的一方作为标准进行对比了。

通过对比，我们发现了以下几点:

在隶属关系上，中国和日本的古典园林都可以分为皇家园林、私家园林和宗教园林。但是，中国皇家园林的气势要大于私家园林。可是在日本园林中，私家园林的气势大过皇家园林。

单单说私家园林，中国的私家园林大多是文人园林，而日本的私家园林

▲日本金阁寺

大多数是武人园林。

再说宗教园林。中国古典的园林一般是寺观园林（寺院园林和道观园林），日本的古典园林一般是寺社园林（寺院园林和神社园林）。中国的寺观园林风格不显著，经常运用私家园林的表达方式。而日本的寺社园林风格很突出，武人园林常常借用寺社园林的表达方式。

按照地域来划分，中国的古典园林明显呈现出南北的特征。具体地说，分为北方园林、江南园林和岭南园林。而日本的古典园林南北差异不如中国的那么大，所谓的北方园林（东北地方）、中部园林（新泻至山口的本州和四国）、南方园林（九州地方），只不过是为了比较方便而进行的划分，日本园林界没有严格的这种划分。

按照布局特点来划分，中国古典园林是在大陆文化影响下的，它主要是山与水共生的山水型园林类型，或者说是偏向于山型的山水园。而日本的古典园林，是在海洋文化影响之下的海与岛共生的池泉型园林类型，也可以说是偏向于水型的山水园。

偏向于山型和偏向于水型，有什么区别呢?

区别有很多。第一方面是理水方面。中国的古典园林中的水是河、湖、海的综合体，日本园林中的水是泉与海的综合体。第二是堆山方面。中国古典园林是园中可以没有岛，但是肯定有山;日本的古典园林是可以没有山，但是肯定有岛。中国的堆山是昆仑山的象征，是大陆上山的象征;而日本的堆山是海岛的象征，是大海中岛山的象征。

第三方面就需要详细说说了。在游览的交通方式方面，中国和日本都有坐船游览、路游（日本称回游）和坐观三种。中国园林选择主要是路游;而日本园林大多数是以静观和坐船游览为主。路游主要就是山型园林的特征，而坐船和静观就是水型园林的特征了。

第四方面就是在植物的方面。中国由于以大陆性气候为主，所以园林的绿化比较少;而日本是海洋性气候，所以园林的绿化较多。

第五方面是在园林的建筑上。中国古典园林中除了木结构之外，也用了砖、土、石作为建筑材料，这样可以稳重像山，并且还可以抵御风寒。而日本的园林建筑始终是用木头为主的，并且有高床式的做法。这样它就可以达到轻盈如水，并且还可以防风、排水、抗震、驱湿。

五个方面，好多！没错，可是这些做法都是直接与园林的山型陆型和水型岛型有关的。

在时代的变迁上，园林类型也存在着不同的特点。我们先来看看中国。中国园林在山水的变迁中，主景的演变过程是：动植物（殷周）——高台建筑（秦汉）——山水自然本身（魏晋南北朝）——诗画自然山水（隋唐宋）——诗画天人（元明清）。这是一条对园林要素审美重点由表及里、由浅至深、由粗到细的过程，这个过程是逐渐深入的。审美的对象从前期的写实发展到后期的写意。

主景的变化在日本的古典园林方面是：动植物（大和、飞鸟）——中式山水（奈良）——寝殿建筑和佛化岛石（平安）——池岛和枯山水（镰仓）——纯枯山水（室町）——书院、茶道、枯山水(桃山)——茶道、枯山水与池岛（江户）。从这个链条中我们看到，审美的客体发展是从前期的单一类型和写实，逐渐到后期的综合性类型和抽象化阶段的。

◆造园历史比较

造园历史的比较分为隶属关系的发展顺序比较、历史长短的比较和各历史阶段的形式比较三个方面。

从隶属关系上看，中日园林的发展都是皇家园林在先，然后是私家园林，最后才是宗教园林。但是不同的是，中国的这三大园林开始的比日本的三大园林都早。日本的三大类型园林在开始，都有向中国古典园林学习。

中国园林的发展是一个渐变的过程，而日本的园林，就是一个突变和拿来的过程了。

从布局特点上看，中国古典园林是偏于山型、儒型、人型、文人型和单向型，而日本的古典园林则是偏于水型、佛型、天型、武人型和跳跃型。

从地域类型的发展上看，中国古典园林最早是中原园林，然后东扩，再形成江南园林、北方园林和岭南园林。而日本的园林最早也是源于中部地区，然后形成北方、南方等特点。

从园林的历史长短上来看，中国园林的历史显然比日本园林的历史长得多。而且，我们在前面已经了解了，中国园林最早叫"囿"，并且这个叫

"囿"的时间很长。而日本的古典园林在开始的时候，这种"囿"的形式持续时间很短。

我们知道，中国园林的思想基础是以自然为中心的道家思想，日本园林也是。但是后来，两个国家的这种思想都转变了。中国古典园林在这个转化过程，主要是受了儒家思想的影响。而日本的古典园林在这个转化过程中，主要是受佛教思想影响。

从园林历史阶段的形式上来看，道家思想提倡的是山水主题，这在中国一直没有变化。因为在中国，这种山水一直是真山真水。但是日本的园林不一样，它在镰仓时期就从真山水变成了枯山水，再往后，在室町时代，又向神游的园林形式发生了转变，一步一步地远离了真山真水。

◆造园思想比较

我们都知道，什么问题一旦说到思想，就很复杂了。

造园思想的比较也有很多方面，如天人关系、哲学类型、美学、文学、美术、园林活动、园林人物及造园理论等。

▲日本枯山水

首先，在天人关系上，中国的园林是人型山水园，而日本是天型山水园。这不仅反映在各个历史阶段，而且反映在造园手法上。

在哲学型比较上看，中日两国的古典园林都是道家思想里面的山水园，这是共同点。但是，前面也说了，中国古典园林更有点儒家的意思，而日本古典园林佛家的性质多一些。

在布局手法上看，中国古典园林是在具象思维和形象思维之间的，而日本的古典园林不一样，它是介于形象思维和抽象思维之间的。

在美学上看，又有三个方面：审美主体、审美客体、审美中介。

第一个方面是审美主体的不同。中日古典园林的主体都是属于东方人，接受的都是东方文化。但是中国古代人比日本古代人高大，所以园林有大小的分别。中国人在大陆，以高山为伴，所以园林表现成大陆型和山型；而日本人在海岛，以海洋为伴，所以园林表现的是海岛型和水型。中国人的历史较长，所以中国人对于园林艺术的欣赏偏向于战胜自然之后的乐观态度和入世态度；而日本人的历史较短，所以日本人对于园林艺术的欣赏偏向于委屈于自然灾害之下的悲观态度和出世态度。另外，中国古典园林的主体是以文人为主，所以园林呈现出文人型；而日本的古典园林的审美主体是以武人和僧人为主，所以园林表现的是武人型和僧人型。

第二个方面是审美客体的不同。中国古典园林相对于日本园林，植物偏少，山偏多，水偏少，石偏少，建筑偏多；而日本古典园林呢，恰恰相反，植物偏多，山偏少，水偏多，石偏多，建筑偏少。

第三个方面是审美的不同。中国古典园林追求的是艺术美，而日本园林主要表现的是宗教美。从审美的正、反价值上看，中国古典园林更趋向于用审美的正面价值，所以显得很欢快；而日本古典园林更趋向于用审美的反价值，所以显得很悲哀。从审美的终极上看，中国古典园林审美的终极是天人合一；而日本古典园林的审美终极是人佛合一。

接下去，我们从园林文学上进行比较。主要就是从历史、形式、意境这三方面进行比较。

第一，在历史上，中国古典园林的文学形式早在周朝就有了，而日本古典园林的最早是在奈良时代。所以中国的古典园林文学历史比日本长。

第二，从园林的文学形式上看，中国古典园林的文学形式有诗文、题名、题对三种。诗文包括诗、词、曲、赋、散文等。而日本园林文学的诗文，除了诗、词、赋、散文，还有俳句和和歌。这些都是中国没有的东西。但是，日本园林文学中的题名和题对很少。

第三，在意境方面。中国古典园林的意境是仁山型，日本古典园林的意境是智水型。

▲樱花，远处是富士山

谈完文学的比较，接下去就该美术方面的比较。园林中的美术分为绘画和书法两部分。绘画方面，中日两个国家的美术和园林发展都很同步。但是，中国的山水画发展较快，数量比佛画多很多。但是日本的山水画发展较慢，数量比佛画少。所以中国的古典园林中，山水画的特征强烈一些。而日本的古典园林，佛家园林形式更多一些。同样是山水画，中国人画的是中国山水，而日本人画的是日本山水，这在园林的表现上，当然也不一样了。

在画家参与园林创作这一点上，中国的造园家一般也是画家。日本就不一样了，他们的造园家就是造园家。但是，日本的园林理论书中的绘画很多，而中国就很少了。

在绘画的陈设品上，中国的园林中，室内绘画作品较多，而日本的相对来说较少。

从绘画的内容上看，中日两国都崇尚道家的思想和隐居的人物。

在书法上，中日两国园林中使用书法的位置有些不同。中国的园林建筑是对称的，所以更多的是对联和横幅。而日本的园林建筑有时因山花处于正立面，所以把题名放在山花面。

从书法作品使用数量上看，中国古典园林中使用的更多。

从内容上看，中国的文气较重，而日本的佛味较浓。

从表现手法上看，中国以汉字为主。但是日本除了汉字之外，还有假名。

从书法与园林的关系上，日本人创造了园林中的真行草做法。

谈完了书法和绘画，我们再来看看园林活动方面。

在这里，我们比较一下茶道、歌道、花道。

茶道方面，中国是有茶无道，所以园林中有茶饮，但是没有茶庭。日本是有茶有道，所以园林中有茶道，并且有茶庭。

在花道上，中国人把它当成艺，而日本人把它当成道，所以花道对日本园林的影响不仅是把园林插花和盆景作为园林的点缀，而且园林中大量使用修剪树。把大树小型化，是日本古典园林与中国古典园林最大的不同。

在歌道上，中国人的歌咏与园林结合的形式是曲水流觞，这种园林活动形式发展得很好，后来传到了日本。所以这一点在中日两国都表现。

在造园人物和著作方面，主要是下面几点：

第一是中国造园人物身份大多数是文人，而日本造园的有僧人、武人、皇帝，其中僧人最多。

第二是中国园林的理论没有独立，它们在书论和画论中间。而日本的园林理论是纯粹的园林理论。

第三是中国的造园家不一定是园林理论家，所以中国古典园林理论著作少。但是，日本的很多造园家同时也是园林理论家，所以日本的古典园林理论著作较多。

第四是中国的园林理论偏重于整体的感觉和规划。但是，日本主要是偏重于池、岛、瀑、石等具体的景观和做法。

◆造园手法比较

这一部分主要从一般手法和特殊手法两方面来比较一下中国和日本的园林。

一般手法，主要说的是设计和经营上的原则和技法，包括意境、空间和材料三个方面。特殊手法，主要是指园林风水和禁忌方面的手法，这些手法主要根据的是风水理论。

我们先谈一般手法。

从意境创造上看，中国园林偏重于仁山、儒味和人的喜悦，而日本古典园林偏重于智水、佛味和物的悲哀。

在空间经营上，第一，中国古典园林是中轴式和中心式并存，日本园林是中轴式向中心式发展。第二，中国古典园林一般是后园式，而日本园林是前园式和后园式并存。第三，中国古典园林是对称的，日本园林是自由的。第四，中国古典园林是一池三山，但越到后来越淡化。日本古典园林也是一池三山，但是经久不衰，乐此不疲，没有淡化。第五，中国古典园林的划分是实隔和园中园的形式，而日本古典园林偏于虚隔和园中园不多的形式。第六，在内容上，中国园林更像是复杂的俗家活动和真山真水，而日本园林就不一样了，它一般是简洁的佛家活动和枯山水。在障景、框景、借景、缩景这些手法上，中国古典园林多是障景和框景，日本相反。中国的古典园林借景的楼、台、塔为多，而日本也相反。中国古典园林的皇家园林一般是本国缩的景，而日本古典园林中，不仅仅皇家，像武家、佛家园林，它们都有缩景，不仅有缩本国的景，而且还缩中国的景。第七，在纵横对比上，中国古典园林一般是纵向的景点构图，而日本一般是横向的景点构图。第八，在韵律和节奏上，中国古典园林一般是偏韵律，而日本不一样，它们更多的是偏节奏。

从造园材料上也不相同。首先，中国古典园林是真山真水、高山大水、竖石块石；而日本古典园林是枯山枯水、小山小水、砂块并用。其次，中国园林植物偏少、偏花、偏四季花木；而日本的园林植物偏多、偏叶、偏秋冬乔灌林。最后，中国古典园林的建筑更华丽、更厚重，土石木结合，对称，桥是拱平桥、石桥，楼廊多；而日本的更朴素、更轻盈，纯木，不对称，桥是平桥木桥，茶室多的特点。

在特殊造园手法中，主要说的是风水和禁忌。

这个可不是迷信，它也是古典园林中的主要思想呢！

园林的风水和禁忌在中日两国园林中都有。但是，中国人更偏向于南北轴线上的负阴抱阳，重点是在堆山，来让它们像青龙、白虎和玄武。中国偏重藏风聚气，偏重以山藏风。而日本人更趋向于环山积水上的负阴抱阳，重点在积水，它们像朱雀，并且在藏风聚气的时候，更喜欢用水来聚气。

从园林的理论上看，日本的园林书籍提及风水的内容比中国的园林书籍多很多。另外，中国园林有较少的禁忌约束，而日本园林由于自然灾害、社会战争，宗教盛行，所以园林中的石忌、山忌、水忌、木忌很多。

◆园林游览比较

园林游览比较分为三部分:园林分布比较、园林类型比较、游览方式比较。

首先从分布上看。中国古典园林的发祥地是中原。中原的中心是西安和洛阳。然后向东、北、南扩展，形成了江南园林、北方园林和岭南园林。日本的古典园林的发祥地也是在中部，它是把京都当中心，然后往南、北、东扩展。中日的古典园林，在向北、东、南扩展之后，都形成了现在这种中部多、南北方少的局面。

从园林游览上的动静、交通、雅俗、功能、距离、时间等方面上看，中国古典园林大体上是动观性、回游性、雅俗共赏性、可居式、可触式、四时四季游。而日本古典园林则表现为偏向于静观、舟游、雅俗共赏性、参悟式、敬畏式、四时和秋季游等特点。

◆比较的意义

通过比较，我们能简单知道中日两国园林的不同。同时，看了这么多不同，我们还能深入了解园林不一样的本质。这种本质的差异，不仅仅是园林的周围环境，而且也在造园的人物、时代、思想以及不同时代的社会心理上，是这些东西影响了园林的建造。

从目前现存的中国和日本的古典园林性质上看，仍然存在着皇家园林、私家园林和寺院园林，只不过这些园林已经成了历史和遗迹。

从目前的园林创作上看，有些园林在目前已经不可能再建造了。但是，这些风格、特点和技法，完全可以在建造公园的时候用到。

其实，园林的比较方法，还有比较得出的结论，不仅可以让我们中国人认识一下日本园林，而且对我们中国人深入理解和掌握自己古典园林的本质，也有很大的帮助。

为什么这么说呢?

因为在了解日本园林水性、岛性之后，我们在造园时，就可以通过岛屿、水池、渠流、枯山水等手法来表现我们园林中实体的水景，还有一些抽象的海、水、洲、岛等景点。在了解中国园林智水仁山之后，我们就可以用山与水结合的形式，来建造一个更加完美的中国园林了。

而且，在山形和水形创造的时候，我们还可以通过比较得出的结论，使园林的山水与真山真水更加相像。

当然，比较的结论意义远远不止这些了。在园林的布局、要素、活动、观赏方式等方面，日本园林都能给我们中国园林的发展起到启示的作用呢!